W0255076

DIE ZEIT WACH
1842

Hans-Eberhard Usdowski

Fraktionierung der Spurenelemente bei der Kristallisation

Mit 42 Abbildungen

Springer-Verlag
Berlin Heidelberg New York 1975

Prof. Dr. Hans-Eberhard Usdowski
Sedimentpetrographisches Institut
34 Göttingen
V. M. Goldschmidtstraße 1

ISBN-13: 978-3-540-07328-4 e-ISBN-13: 978-3-642-66168-6
DOI: 10.1007/978-3-642-66168-6

Library of Congress Cataloging in Publication Data. Usdowski, Hans-Eberhard, 1934–. Fraktionierung der Spurenelemente bei der Kristallisation. Bibliography: p. Includes Index. 1. Trace elements. 2. Crystallization. I. Title. QE516.T85U78. 548'.5 75–15793.

Softcover reprint of the hardcover 1st edition 1975

Offsetdruck u. Bindearbeiten: Julius Beltz, Hemsbach/Bergstr.

Vorwort

Das Buch ist aus einer Vorlesung entstanden, die speziell für Studenten der Mineralogie, Kristallographie, Petrologie und Geochemie gehalten wurde. Den Anlaß zur Vorlesung bildeten - im Zusammenhang mit einem Teil des Arbeitsgebiets des Autors - die von Studenten immer wieder gestellten Fragen nach den Faktoren, die den Gehalt an Spurenelementen in den Mineralen der Gesteine und anderen kristallinen Substanzen beeinflussen. Das Buch beantwortet also die Fragen nach der Fraktionierung von Spurenelementen, ein Sachgebiet, dessen wissenschaftlich abgeschlossener Teil bisher noch nicht zusammenhängend dargestellt worden ist. Auf die wissenschaftliche Problematik noch offener Fragen wurde dabei bewußt verzichtet. Der Zweck des Buches ist vielmehr, die Grundlagen feststehenden Wissens zu vermitteln.

Das Wissen um diese Grundlagen stellt einerseits das Handwerkszeug dar für weitere Untersuchungen auf einem Gebiet, auf dem noch viel gearbeitet werden muß und auf dem auch noch wichtige Ergebnisse zu erwarten sind. Andererseits hat es eine große Bedeutung für die Praxis, denn die Anwendung der Fraktionierung von Spurenelementen ist groß, weil es ein Konvergenzgebiet zwischen der Chemie und den mineralogischen Wissenschaften einschließlich der Kristallographie ist. Jeder Chemiker, Kristallograph, Mineraloge, Petrologe und Geochemiker wird sich im Beruf mit den Spurenelementen, den sogenannten "Verunreinigungen", auseinandersetzen müssen, sei es bei der Herstellung von reinen Substanzen, bei der Anreicherung seltener Stoffe oder bei der Beurteilung der natürlichen Anreicherungsprozesse von seltenen Komponenten der Erdkruste. Die hierfür erforderlichen Kenntnisse müssen genauso wie die der analytischen und präparativen Chemie, der Spurenanalyse, der röntgenographischen Phasen- und Strukturanalyse sowie der optischen Mineral- und Gesteinsanalyse bis zum Studienabschluß, das ist im allgemeinen das Diplom, beherrscht werden.

Der Text berücksichtigt die Konvergenz zwischen der Chemie und den mineralogischen Wissenschaften, indem Beispiele aus beiden Gebieten behandelt werden. Hierbei wurde allerdings das Zonenschmelzen nur kurz gestreift, weil es darüber schon ausgezeichnete Zusammenfassungen gibt. Bei der Ausarbeitung des Textes wurden die Erfahrungen der Vorlesung zugrunde gelegt. Sie zeigten die Notwendigkeit klarzustellen, daß die Fraktionierung von Spurenelementen nicht, wie zunächst die Durchsicht der weit verstreuten Einzel-Publikationen suggeriert, nach mehreren, sondern nach einem einzigen Gesetz erfolgt. Von der Didaktik her ergab sich die Notwendigkeit, alle Ableitungen sehr ausführlich darzustellen. Zwar könnte manches viel kürzer und eleganter hergeleitet werden, das geht aber erfahrungsgemäß auf Kosten des Verständnisses. Dem besseren Verständnis gelten auch die nach bestimmten Abschnitten gestellten Aufgaben. Es wird empfohlen, diese Aufgaben zu lösen, auch wenn es lästig ist, denn sie haben einen großen Lerneffekt, weil sie zur Wiederholung des Stoffes zwingen und eine Selbstkontrolle darstellen. Bei Benutzung von Taschenrechnern ist die Rechenarbeit gering.

Herr Dr. U. HAACK, Geochemisches Institut, Göttingen und Herr Dr. G. MENSCHEL, Sedimentpetrographisches Institut, Göttingen, haben den Text durchgearbeitet. Ihre konstruktive Kritik war höchst wertvoll. Ich bedanke mich bei Ihnen.

Göttingen, April 1975

H.-E. USDOWSKI

Inhaltsverzeichnis

I. Mischkristalle und Spurenelemente 1

II. Der Nernst'sche Verteilungssatz 5

1. Verteilungsgleichgewicht zwischen gasförmigen und flüssigen Phasen 5

2. Verteilungsgleichgewicht zwischen einer fluiden und einer festen Phase 6

3. Die Verteilungskonstante für Molenbrüche und Gewichtsquotienten 8

4. Die heterogene Verteilung einer Spurenkomponente im Kristall 10

5. Typen von Spurenelementverteilungen 16

6. Die mittlere Spurenelementkonzentration und effektive Fraktionierung 22

7. Der Einbau von Spurenkomponenten bei der gleichzeitigen und fortlaufenden Entstehung von vielen Kristallen. 24

8. Umkristallisation 28

III. Die Beziehung einiger gebräuchlicher Fraktionierungsformeln zum Nernst'schen Verteilungsgesetz 33

IV. Die Abhängigkeit des Verteilungsfaktors von den Kristallisationsbedingungen 37

1. Der Einfluß der Aktivitätskoeffizienten 37

2. Der Einfluß der Temperatur und des Drucks 38

3. Der Einfluß der Kristallisationsgeschwindigkeit 40

V. Fraktionierungsprozesse im Labor und in der Technik ... 42

1. Das Prinzip der fraktionierten Kristallisation 42

2. Optimierung des Verfahrens 45

3. Zonenschmelzen 54

VI. Fraktionierungsprozesse bei geologischen Vorgängen 58

1. Allgemeine Gesichtspunkte........................ 58

2. Die magmatische Gesteinsbildung................... 58

3. Sedimentäre Gesteinsbildung....................... 63

4. Diagenese... 67

5. Metamorphose...................................... 68

a) Allgemeine Gesichtspunkte 68
b) Aufschmelzen ohne Einstellung eines Verteilungsgleichgewichts.................................. 69
c) Aufschmelzen mit Einstellung eines Verteilungsgleichgewichts.................................. 71
d) Die Fraktionierung von Spurenelementen bei der Bildung von Mineralen.......................... 76

6. Formen von Spurenelementverteilungen in Mineralen. 82

7. Spurenelemente als geologische Thermometer 86

VII. Lösungen der Aufgaben........................... 91

Literaturauswahl..................................... 101

Sachverzeichnis...................................... 103

I. Mischkristalle und Spurenelemente

Wenn man eine bestimmte chemische Substanz aus dem flüssigen oder gasförmigen (= fluiden) in den festen Zustand überführt, ordnen sich die Elementarpartikel im allgemeinen in einer bestimmten Weise im Raum an. Es entsteht gewöhnlich ein Kristall, der durch ein definiertes Gitter beschrieben wird. Besteht die fluide Phase nicht aus einer, sondern aus mehreren chemischen Substanzen, kann beim Kristallisieren der Fall eintreten, daß ein sogenannter Mischkristall gebildet wird. Dieser Kristall ist dadurch charakterisiert, daß sich die verschiedenen Elementarbausteine regellos oder nach einem bestimmten Schema auf die Plätze des Kristallgitters verteilen. So kristallisiert z.B. reines Gold bei 1064°C, und reines Silber bildet bei 962°C Kristalle. Das Kristallgitter der beiden Metalle ist die kubische Dichtestpackung. Die Gitterkonstanten betragen 4,08 Å für Gold und 4,09 Å für Silber. Aus einer homogenen Mischung von geschmolzenem Gold und Silber entstehen Mischkristalle der Zusammensetzung Au_xAg_{1-x} (Abb. I-1). Das Gitter der festen Lösung ist wieder die kubische Dichtestpackung.

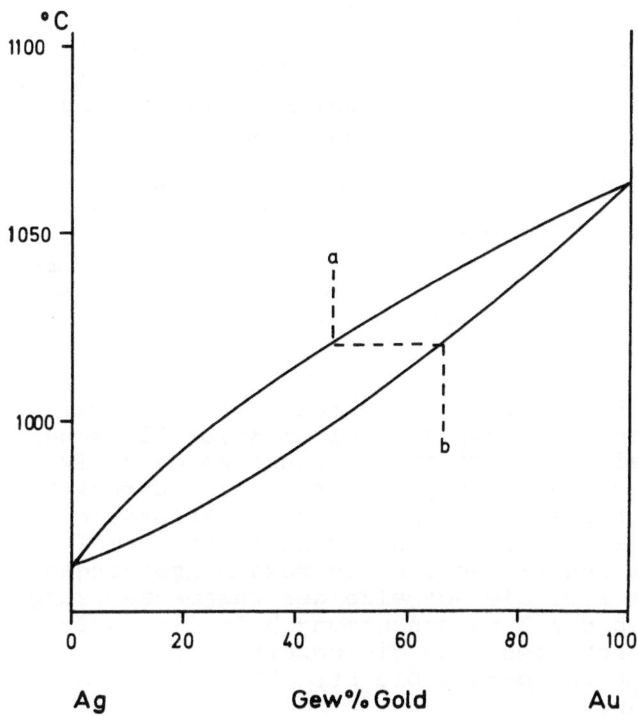

Abb. I-1. Das System Au-Ag. Obere Kurve: Zusammensetzung der Schmelze. Untere Kurve: Zusammensetzung der Mischkristalle. Eine Schmelze der Zusammensetzung *a* ist mit Kristallen der Zusammensetzung *b* im Gleichgewicht

Für das Zustandekommen einer festen Mischung sind hauptsächlich die geometrischen Dimensionen der Elementarpartikel verantwortlich. Die Bausteine müssen möglichst gleich groß sein. Ferner müssen ähnliche chemische Bindungsverhältnisse vorliegen. Die Ähnlichkeit der Kristallgitter der beiden Substanzen spielt eine weniger große Rolle. Sind diese Voraussetzungen nicht erfüllt, d.h. sind in einem System in erster Linie die Unterschiede in der Größe der Elementarbausteine zu groß, entsteht bei der Kristallisation keine vollkommene Mischkristallreihe. Es tritt eine Mischungslücke auf. So haben Gold und Silber Atomradien von 1,44 Å und sind daher vollkommen mischbar. Dagegen sind Blei und Zinn nur wenig mischbar, weil die Atomradien mit 1,75 Å (Pb) und 1,58 Å (Sn) zu sehr voneinander verschieden sind (Abb. I-2). Reines

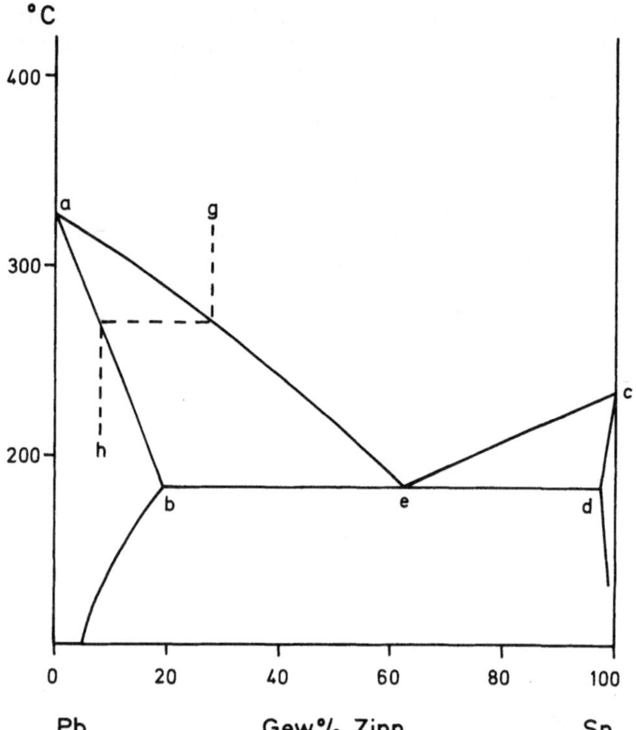

Abb. I-2. Das System Pb-Sn. *a–e* und *c–e*: Liquiduskurven (Zusammensetzung der Schmelze), *a–b* und *c–d*: Soliduskurven (Zusammensetzung der Mischkristalle). Eine Schmelze der Zusammensetzung *g* ist mit Kristallen der Zusammensetzung *h* im Gleichgewicht

Blei hat einen Schmelzpunkt von 327,3°C, und reines Zinn schmilzt bei 231,9°C. Aus geschmolzenen Mischungen beider Kristalle scheiden sich Pb-Sn-Mischkristalle ab. Ist in der Schmelze mehr als 61,9% Sn (Punkt e), entstehen Pb-haltige Sn-Kristalle. Enthält sie weniger als 61,9% Sn, bilden sich Sn-haltige Pb-Kristalle. Die Linien a-e und c-e geben die Zusammensetzungen der Schmelzen an, und die Linien a-b und c-d zeigen die Zusammensetzungen der Mischkristalle. So ist z.B. die Schmelze der Zusammensetzung g mit Pb-Sn-Mischkristallen der Zusammensetzung h im Gleichgewicht. Aus der Schmelze e scheiden sich gleichzeitig Kristalle mit den Zusammensetzungen b und d aus. Die Strecke b-d gibt die Größe der Mischungslücke an.

Die Abb. I-3 zeigt als weiteres Beispiel das System NaCl-NaBr·2 H_2O. Das System hat ebenfalls eine Mischungslücke. Im Gegensatz zur Abb. I-2 gilt es aber für eine konstante Temperatur. Außerdem unterscheiden sich die Zusammensetzungen der reinen Substanzen. Im NaCl wird das Cl^- durch Br^- und im NaBr·2 H_2O das Br^- durch Cl^- ersetzt. Die Wirkungsradien der Ionen sind 1,81 Å für Cl^- und 1,96 Å für Br^-. Die maximale Aufnahme beträgt bei NaCl 17 Mol% Br^- und bei NaBr·2 H_2O 22,5 Mol% Cl^-. Mit diesen Mischkristallen steht eine Lösung im Gleichgewicht, die 82,5 Mol% Br^- und 17,5 Mol% Cl^- hat.

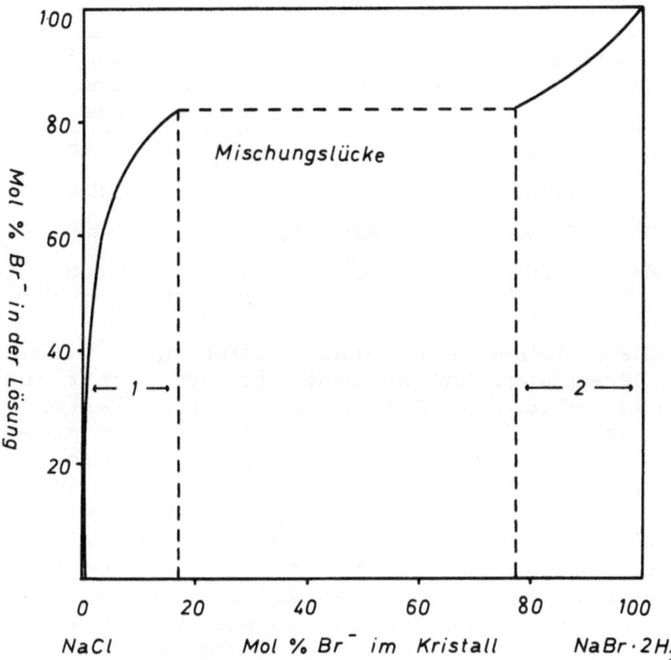

Abb. I-3. System NaCl-NaBr·2 H_2O, 25°C. 1, 2: Bereiche der Mischbarkeit (BOEKE, 1908)

In sehr vielen Systemen ist die Mischungslücke groß. Die Mischbarkeit beschränkt sich auf einen kleinen Bereich in der Zusammensetzung der festen Substanzen. Wird ein solches System wie in der Abb. I-2 dargestellt, würden die von den reinen Substanzen ausgehenden Soliduskurven eine sehr große Steigung haben, d.h. die Punkte b und d würden sehr dicht an den Ordinaten für O und 100% Sn liegen. Wenn das System wie in der Abb. I-3 dargestellt wird, befänden sich die von der Ecke bei O und von der gegenüberliegenden Ecke ausgehenden Kurvenstücke ebenfalls dicht an den Ordinaten.

Wenn eine Komponente eines Kristalls in geringem Umfang durch eine andere Komponente ersetzt wird, bezeichnet man den ersetzenden Bestandteil als Spurenelement. Diese Bezeichnung ist unabhängig davon, ob vollkommene Mischbarkeit vorliegt, oder ob eine kleine oder eine große Mischungslücke vorhanden ist. Der

Einbau von Spurenelementen ist weit verbreitet. Man findet ihn bei fast allen Mineralen, da im Verlauf der Gesteinsbildung stets Mehrstoffsysteme vorliegen, d.h. bei der Mineralbildung sind stets eine ganze Reihe von chemischen Substanzen gegenwärtig. Aber auch bei der Kristallisation in Laboratoriums-Experimenten werden im allgemeinen Spurenelemente eingebaut, weil normalerweise nicht mit extrem sauberen Substanzen gearbeitet wird oder gearbeitet werden kann. Die Tabelle I-1 zeigt eine kleine Zusammenstellung von Spurenkomponenten in einigen Mineralen.

Tabelle I-1. Häufige Spurenelementgehalte in einigen Mineralen

Mineral	Formel	ersetzte Komponente (Wirkungsradius Å)	Ersatz (Wirkungsradius Å)	häufige Konzentration (ppm)
Steinsalz	$NaCl$	Cl^- (1,81)	Br^- (1,96)	200
Calcit	$CaCO_3$	Ca^{2+} (1,06)	Sr^{2+} (1,27)	800
Kalifeldspat	$KAlSi_3O_8$	K^+ (1,33)	Rb^+ (1,49)	400
Olivin	$(Mg,Fe)_2SiO_4$	Mg^{2+} (0,78)	Ni^{2+} (0,78)	1 000

Daten über den Spurenelementeinbau in Kristalle sind unter vielen Gesichtspunkten von Bedeutung. Man braucht sie, um sehr reine chemische Substanzen herzustellen, um Kristalle mit definierten Fremdbeimengungen zu produzieren (z.B. Halbleiter), oder um seltene chemische Elemente anzureichern. Aber nicht nur bei rein chemisch-technischen Fragen, sondern auch bei anderen naturwissenschaftlichen Problemen sind Daten über den Spurenelementeinbau erforderlich. So z.B. bei geologisch-chemischen (geochemischen) Problemen, wenn natürliche Anreicherungs- oder Verarmungsprozesse von Nebenkomponenten verfolgt werden sollen oder wenn man die Bildungstemperatur bestimmter Gesteinskörper ermitteln will. Für derartige Fragestellungen braucht man Informationen über die Faktoren, die die Quantität des Ersatzes durch Spurenkomponenten bestimmen. Diese Daten müssen im allgemeinen im Laboratorium ermittelt werden. Man geht hierbei grundsätzlich so vor, daß man eine Schmelze, Gasphase oder Lösung (= fluide Phase) des in Frage kommenden Systems unter definierten Bedingungen von Druck, Temperatur und Fremdbeimengungen teilweise kristallisieren läßt und die Spurenelementgehalte in der fluiden Phase und im Kristallisat (= feste Phase) chemisch-analytisch bestimmt. Hieraus wird dann eine Konstante für die Verteilung der Spurenkomponente auf beide Phasen ermittelt.

II. Der Nernst'sche Verteilungssatz

1. Verteilungsgleichgewicht zwischen gasförmigen und flüssigen Phasen

Wenn man die Verteilung einer Spurenkomponente zwischen einer fluiden Phase und einem Kristall quantitativ formulieren will, knüpft man am zweckmäßigsten an das Nernst'sche Verteilungsgesetz an und betrachtet hierbei zunächst das Gleichgewicht zwischen einem Gasgemisch und einer Flüssigkeit.

Befindet sich das Gasgemisch über einer Flüssigkeit 1 (z.B. Wasser), lösen sich die Gase teilweise darin. Herrscht zwischen der gasförmigen Phase und der Flüssigkeit 1 Gleichgewicht, besteht zwischen dem Partialdruck eines bestimmten Gases des Gemisches und seiner Konzentration in der Flüssigkeit die von HENRY gefundene Beziehung

(II-1-1) $x_{1,1} = k_1\ p.$

Steht das Gasgemisch mit einer anderen Flüssigkeit 2 (z.B. Benzol) im Gleichgewicht, gilt entsprechend

(II-1-2) $x_{1,2} = k_2\ p$

$x_{1,1}$, $x_{1,2}$: Molenbrüche des Gases in den Flüssigkeiten 1 und 2
k_1, k_2: Löslichkeitskoeffizienten des Gases für die Flüssigkeiten 1 und 2
p: Partialdruck des Gases im Gasgemisch.

Bringt man nun die beiden Flüssigkeiten 1 und 2 und das Gasgemisch mit dem Gas vom Partialdruck p miteinander ins Gleichgewicht, erhält man aus den beiden Gleichungen die Beziehung

(II-1-3) $x_{1,1} = \frac{k_1}{k_2}\ x_{1,2} = C\ x_{1,2}.$

Diese Gleichung ist das sogenannte Nernst'sche Verteilungsgesetz (NERNST, 1891), s.a. Lehrbücher der Physikalischen Chemie, z.B. ULICH-JOST. Die Konstante C bezeichnet man als Verteilungskonstante. Da in der Gleichung der Partialdruck nicht in Erscheinung tritt, gilt sie auch dann, wenn zwei Flüssigkeiten eine Komponente enthalten, die nicht gasförmig auftritt. Dieser Fall liegt z.B. vor, wenn man wäßrige Lösungen von Metallen mit organischen Lösungsmitteln schüttelt, die sich mit der wäßrigen Phase nicht mischen. Die Schwermetall-Ionen oder -Komplexe verteilen sich auf die organische und wäßrige Flüssigkeit, ohne daß sie in der darüber befindlichen Gasphase vorhanden sind. So beträgt die gewichtsmäßige Anreicherung von Zink-Thiocyanat in Diäthyläther das 6,4-fache gegenüber der wäßrigen Phase.

Allgemein formuliert lautet das Nernst'sche Gesetz also: der Quotient aus den Molenbrüchen einer Komponente, die sich auf zwei fluide Phasen verteilt, ist im Gleichgewichtsfall konstant.

2. Verteilungsgleichgewicht zwischen einer fluiden und einer festen Phase

Das Nernst'sche Verteilungsgesetz findet man auch bei der Bildung von Kristallen bestätigt. Es beschreibt hier den Zusammenhang zwischen dem Gehalt eines Elements im Kristallisat und in der fluiden Phase bei kleinen Konzentrationen. So entnimmt man der Abb. I-3, daß in der Nähe der Ecke bei O und in der gegenüber liegenden Ecke zwischen den Konzentrationen der Festkörper und der Lösung ein linearer Zusammenhang besteht. Es ist

(II-2-1) $x_k = C\, x_l.$

x_k, x_l: Molenbruch des Spurenelements in der festen, fluiden Phase
C: Verteilungskonstante.

Den gleichen Zusammenhang erhält man für die in den Abb. I-1 und I-2 dargestellten Systeme, bei denen die Solidus- und Liquiduskurven im Bereich kleiner Konzentrationen als Geraden anzusehen sind. Allerdings ist bei diesen Systemen im Gegensatz zu dem von der Abb. I-3 die Gleichung II-2-1 nicht mehr streng isotherm, da die Schmelzpunkte auch durch kleine Zusätze verändert werden. Tatsächlich sind diese Änderungen aber so klein, daß sie vernachlässigt werden können.

Um die Gleichung II-2-1 zu veranschaulichen, ist der lineare Teil des Br^--Einbaus in NaCl (Abb. I-3) in der Abb. II-1 vergrößert dargestellt. Hierbei wurden statt der Molenbrüche die Gewichtsquotienten ppm (parts per million) und eine hierauf bezogene Konstante b verwendet. Jeder Punkt des Diagramms ist das Ergebnis eines Kristallisationsversuchs. In einem solchen Versuch wurde NaCl durch Verdunsten einer NaBr-haltigen NaCl-Lösung hergestellt und anschließend die Br^--Konzentration im Kristallisat und in der Lösung ermittelt. Die Verteilungskonstante ist die Steigung der Geraden, auf der die Punkte der einzelnen Experimente liegen. Das Nernst'sche Verteilungsgesetz ist bis 4310 ppm Br^- im Kristall und 26 900 ppm Br^- in der Lösung erfüllt. Bei höheren Konzentrationen der Nebenkomponente in der fluiden und festen Phase ergeben sich Abweichungen. Sie beginnen in der Abb. II-1 etwas oberhalb des Endpunktes der Geraden. In der Abb. I-3 sind sie deutlich als das gebogene Kurvenstück oberhalb von etwa 50 Mol% Br^- in der Lösung zu erkennen. Der Beginn der Abweichung ist von System zu System verschieden. Er muß experimentell bestimmt werden. Die Beziehung II-2-1 gilt also nur für den Bereich kleiner Konzentrationen, in dem die Idealbedingungen erfüllt sind.

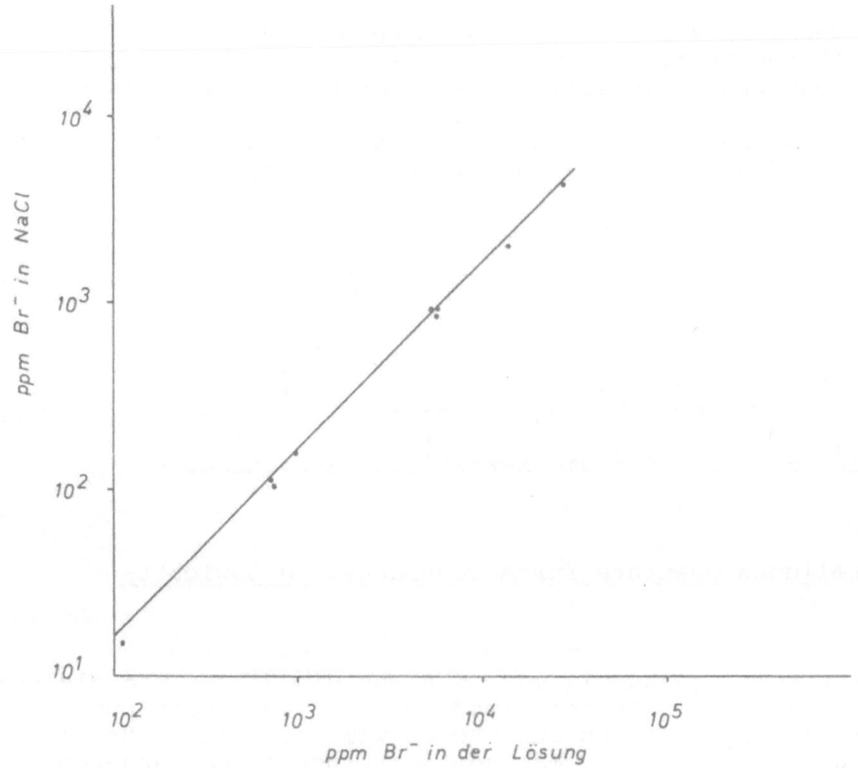

Abb. II-1. Ersatz von Cl^- durch Br^- in NaCl, 25°C. Die Verteilungskonstante ist $b = \frac{\text{ppm } Br^- \text{ im Kristall}}{\text{ppm } Br^- \text{ in der Lösung}} = 0{,}16$ (BRAITSCH und HERRMANN, 1963)

Befindet man sich nicht im Bereich der Idealbedingungen, muß anstelle der Molenbrüche die Aktivität gesetzt werden ($a = x\ f$, f: Aktivitätskoeffizient). Das Verteilungsgesetz nimmt dann die Form an

(II-2-2) $\quad a_k = C\ a_l$ oder $x_k\ f_k = C\ x_l\ f_l$

a_k, a_l: Aktivität der Spurenkomponente im Kristall, in der fluiden Phase

f_k, f_l: Aktivitätskoeffizienten für die Spurenkomponente im Kristall, in der fluiden Phase.

Das Nernst'sche Verteilungsgesetz läßt sich thermodynamisch folgendermaßen herleiten: In der fluiden Phase gilt für das chemische Potential des Spurenelements

(II-2-3) $\quad \mu_l = \mu_l^o + RT \ln a_l$

R: Gaskonstante, T: absolute Temperatur.

Für das chemische Potential der Nebenkomponente in der festen Phase gilt entsprechend

(II-2-4) $\mu_k = \mu_k^o + RT \ln a_k$

μ_l, μ_k: chemisches Potential des Spurenelements in der fluiden, festen Phase
μ_l^o, μ_k^o: entsprechende Potentiale unter Standardbedingungen.

Gleichgewicht herrscht, wenn das chemische Potential des Spurenelements in beiden Phasen gleich ist. Hiermit ergibt sich

(II-2-5) $$\frac{\mu_l^o - \mu_k^o}{R\,T} = \ln \frac{a_k}{a_l} = \ln \frac{x_k}{x_l} + \ln \frac{f_k}{f_l}$$

oder

(II-2-6) $$\exp\left(\frac{\mu_l^o - \mu_k^o}{R\,T}\right) = \frac{a_k}{a_l} = \frac{x_k\,f_k}{x_l\,f_l} = C.$$

Diese Gleichung ist wieder die Nernst'sche Beziehung.

3. Die Verteilungskonstante für Molenbrüche und Gewichtsquotienten

In der Praxis kommt es häufig vor, daß man ein Verteilungsgleichgewicht, das mit Konzentrationseinheiten wie Gew.% oder ppm formuliert ist, in Molenbrüchen ausdrücken will oder umgekehrt (s. Abb. I-3 und II-1). Wechselt man von der einen zu der anderen Formulierung, ist zu beachten, daß auch die Verteilungskonstante in bestimmten Fällen andere Zahlenwerte annehmen kann. Diese Verhältnisse sollen an zwei Beispielen erörtert werden.

Zuerst wird angenommen, daß ein System vorliegt, bei dem außer der Spurenkomponente in der fluiden und festen Phase nur eine Molekül- oder Atomart vorkommt, z.B. eine Schmelze von Gold mit einem kleinen Silbergehalt, die sich mit silberhaltigen Goldkristallen im Gleichgewicht befindet. Zerlegt man in der Gleichung II-2-1 die Molenbrüche, erhält man

(II-3-1) $$\frac{n_k}{M_k} = C\,\frac{n_l}{M_l}$$

n_k, n_l: Mole des Spurenelements in der festen, fluiden Phase
M_k, M_l: Mole der festen, fluiden Phase.

Die Mole Ag entsprechen also n und die Mole der festen und flüssigen Ag-Au-Mischung werden mit M_k und M_l bezeichnet. Um die Molenbrüche in Gewichtsquotienten umzurechnen, muß man die Molmengen mit den Molekulargewichten multiplizieren. Aus Gleichung II-3-1 wird also

$$\text{(II-3-2)} \qquad \frac{n_k \ MG_{\ Spurenelement}}{M_k \ MG_{\ Kristall}} = C \ \frac{n_l \ MG_{\ Spurenelement}}{M_l \ MG_{\ Schmelze}}$$

MG: Molekulargewicht.

Da man bei kleinen Quantitäten von Fremdbeimengungen die Molekulargewichte der festen und flüssigen Mischung praktisch als die der reinen Hauptkomponente ansehen kann (der Au-Ag-Mischkristall und die Au-Ag-Schmelze haben also praktisch dasselbe Molekulargewicht wie reines Gold), heben sich in der Gleichung II-3-2 die Faktoren für die Umrechnung (Molekulargewichte) auf der rechten und linken Seite auf. Der Zahlenwert der Verteilungskonstanten bei Verwendung von Molenbrüchen ist also praktisch identisch mit dem für die Verwendung von Gewichtsquotienten gültigen. Die durch die Vernachlässigung des exakten Molekulargewichts resultierende Abweichung ist gewöhnlich viel kleiner als der Fehler bei der experimentellen Bestimmung der Verteilungskonstanten. Im vorliegenden Fall gilt also für Molenbrüche $x_k = C\ x_l$ und für die gewichtsmäßige Konzentration $c_k = C\ c_l$ (Konzentration in Gew.%: c = Gewichtsquotient · 100, in ppm: c = Gewichtsquotient · 10 000).

Andere Verhältnisse liegen dagegen vor, wenn die Molekulargewichte der fluiden und festen Phase wesentlich voneinander abweichen. Will man z.B. für den Einbau von Br^- in NaCl-Kristalle bei der Kristallisation von wäßrigen NaCl-NaBr-Lösungen die Molenbrüche in Gewichtsquotienten umrechnen, wird aus II-3-1

$$\text{(II-3-3)} \qquad \frac{n_k \ MG_{\ Spurenelement}}{M_k \ MG_{\ Kristall}} \doteq b \ \frac{n_l \ MG_{\ Spurenelement}}{M_l \ MG_{\ Lösung}} \ .$$

Es sind n_k und n_l die Mole Br^- im festen NaCl und in der Lösung. Mit M_k werden die Mole des NaCl-NaBr-Mischkristalls bezeichnet, und M_l sind die Mole der Lösung. Die auf Gewichtsquotienten bezogene Verteilungskonstante ist b. Sie ist nicht identisch mit C, weil sich die Molekulargewichte des Kristalls und der Lösung wegen des Wassergehalts wesentlich unterscheiden. Nach der Division von II-3-1 mit II-3-3 erhält man

$$\text{(II-3-4)} \qquad \frac{C}{b} = \frac{MG_{\ Kristall}}{MG_{\ fluide\ Phase}} \ .$$

Formuliert man also die Bromidverteilung mit Molenbrüchen, gilt $x_k = C\ x_l$. Verwendet man Gewichtsquotienten (Gew.%, ppm = parts per million, etc) gilt $c_k = b\ c_l$.

<u>Aufgabe 1</u>

Die Verteilung des Br^--Gehalts zwischen einer gesättigten NaCl-Lösung und NaCl-Kristallen hat eine Konstante b = 0,16 (25°C). Das Molekulargewicht von NaCl beträgt 58,45, das von Wasser 18,00. Die gesättigte NaCl-Lösung hat eine Konzentration von 111 Mole NaCl/1 000 Mole H_2O. Wie groß ist der Zahlenwert für C?

4. Die heterogene Verteilung einer Spurenkomponente im Kristall

Es soll angenommen werden, daß bei einer Kristallisation ein geschlossenes System vorliegt, d.h. das System erfährt bei der Kristallbildung keine stoffliche Veränderung. In diesem System soll die Verteilungskonstante einer Spurenkomponente für einen bestimmten Kristall größer als 1 sein. Bei der Kristallisation reichert sich also der Spurenbestandteil im Kristall an. Hat sich nun ein Kristall von der Dimension 1 gebildet (Abb. II-2),

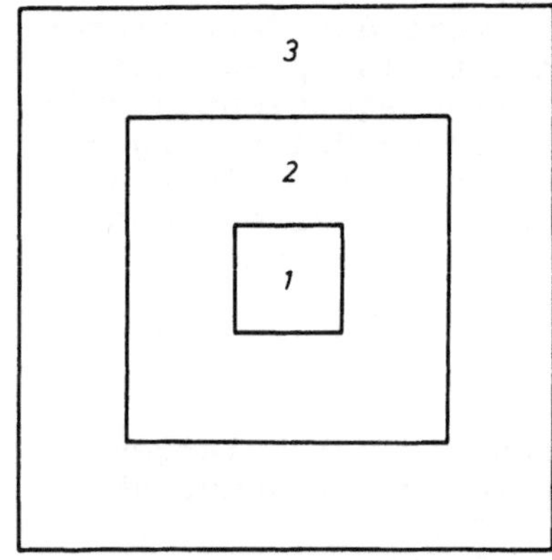

Abb. II-2. Wachstumsstadien bei der Kristallisation. *1*, *2*, *3*: Bereiche mit unterschiedlichen Spurenelementkonzentrationen

ist der Spurenelementgehalt der fluiden Phase um den Teil erniedrigt worden, der in den Kristall eingebaut wurde. Im Wachstumsstadium 2 ist die Konzentration der Nebenkomponente daher kleiner als im Stadium 1, und im anschließenden Stadium 3 ist sie wieder kleiner als im vorhergehenden Bildungsintervall 2, u.s.w. Hierbei ist aber in allen Abschnitten die Konzentration des Spurenelements im Kristall größer als in der fluiden Phase, da die Verteilungskonstante größer als 1 sein soll. Ist die Konstante kleiner als 1, liegen die umgekehrten Verhältnisse vor.

Die in der Abb. II-2 dargestellten Bereiche mit unterschiedlichen Konzentrationen der Spurenkomponente sind in Wirklichkeit unendlich klein. Die Kristalle zeigen einen heterogenen Aufbau mit einer kontinuierlichen Änderung der Spurenelementkonzentration vom Zentrum bis zur Peripherie. Gelegentlich bezeichnet man diese heterogene Verteilung auch als zonar obwohl dieser Ausdruck auf die Fälle beschränkt werden sollte, in denen keine kontinuierliche sondern eine sprunghafte Konzentrationsänderung wie in Abb. II-2 vorliegt. Solche Änderungen beruhen aber auf anderen Vorgängen als sie hier erörtert werden. Neben der heterogenen Verteilung existiert noch eine homogene und eine irreguläre. Die Entstehung dieser Verteilungen wird in den Abschnitten II-5 bzw. VI-6 besprochen.

Der quantitative Verlauf der Konzentrationsänderungen im Kristall und in der fluiden Phase bei der Kristallisation im geschlossenen System läßt sich folgendermaßen herleiten. Unter Bezugnahme auf gewichtsmäßige Konzentrationen lautet das Verteilungsgesetz

(II-4-1) $c_k = b\ c_l$.

Hierin sind

(II-4-2) $c_k = \frac{g_k}{G_k}$

und

(II-4-3) $c_l = \frac{g_l}{G_l}$

c_k, c_l: Konzentration des Spurenelements in der festen, fluiden Phase
g_k, g_l: Gewicht des Spurenelements in der festen, fluiden Phase
G_k, G_l: Gewicht der festen, fluiden Phase.

Es soll nun angenommen werden, daß sich aus einer fluiden Phase ein Kristall abscheidet und ein Spurenelement in sein Gitter aufnimmt. Die vor Beginn der Kristallisation vorhandene Menge der Nebenkomponente soll als $g_{l,o}$ bezeichnet werden. Diese Menge hat sich nach einem bestimmten Kristallisationsintervall auf den Wert g_l geändert. Die hierbei im Kristall eingebaute Menge des Spurenelements ergibt sich aus der Differenz

(II-4-4) $g_k = g_{l,o} - g_l = \Delta g_l$.

Die Masse des gesamten Kristalls erhält man analog nach

(II-4-5) $G_k = G_{l,o} - G_l = \Delta G_l$.

Es ist zu beachten, daß die Gleichung II-4-5 in der angegebenen Form ein Spezialfall ist und nur dann gilt, wenn die Mengendifferenz der fluiden Phase auch tatsächlich der Kristallmenge entspricht, die das Spurenelement aufgenommen hat. Führt man z.B. eine Kristallisation durch Verdampfen einer wäßrigen Lösung durch, ist $\Delta G_l \neq G_k$, da sich ΔG_l aus der abgeschiedenen Kristallmenge und der Menge des verdunsteten Wassers zusammensetzt. Es ist also $G_k < \Delta G_l$. Derselbe Fall liegt vor, wenn sich z.B. aus einer Schmelze zwei Kristallsorten abscheiden, von denen nur eine das Spurenelement einbaut. Für den allgemeinen Fall muß also die rechte Seite der Gleichung II-4-5 noch mit einem Faktor versehen werden. Dieser Faktor ist der relative Anteil der Kristalle mit isomorphem Ersatz an der Gesamtmenge der abgeschiedenen Kristalle und einer etwaig verdunsteten Menge Lösungsmittel. Wird dieser Anteil als q bezeichnet, gilt

(II-4-6) $G_k = q(G_{l,o} - G_l) = q\Delta G_l$.

Die Gleichung II-4-5 ist also ein Spezialfall für $q = 1$.

Betrachtet man nun bei der Kristallisation nicht einen endlichen sondern einen infinitesimal kleinen Kristallisationsabschnitt, gehen die Differenzen Δg_l und ΔG_l in die Differentiale dg_l und

dG_l über. Hiermit und mit den Gleichungen II-4-6 und II-4-1 bis II-4-4 resultiert dann

$$\text{(II-4-7)} \quad \frac{dg_l}{dG_l} = q\ b\ \frac{g_l}{G_l}.$$

Nach Umformen erhält man

$$\text{(II-4-8)} \quad \frac{dg_l}{g_l} = q\ b\ \frac{dG_l}{G_l}.$$

Die Integration in den Grenzen von $g_{l,o}$ bis g_l und $G_{l,o}$ bis G_l liefert

$$\text{(II-4-9)} \quad \ln \frac{g_l}{g_{l,o}} = q\ b\ \ln \frac{G_l}{G_{l,o}}.$$

Mit Gleichung II-4-3 und $g_{l,o} = c_{l,o}\ G_{l,o}$ erhält man

$$\text{(II-4-10)} \quad \ln \frac{c_l\ G_l}{c_{l,o}\ G_{l,o}} = q\ b\ \ln \frac{G_l}{G_{l,o}}.$$

Durch Umformen resultiert dann

$$\text{(II-4-11)} \quad \ln c_l = \ln c_{l,o} + (qb - 1) \ln \frac{G_l}{G_{l,o}}$$

oder

$$\text{(II-4-12)} \quad c_l = c_{l,o} \left(\frac{G_l}{G_{l,o}} \right)^{(qb - 1)}$$

oder

$$\text{(II-4-13)} \quad c_l = c_{l,o}\ G_{l,o}{}^{(1 - qb)}\ G_l{}^{(qb - 1)}.$$

Unter gegebenen Kristallisationsbedingungen sind alle Größen außer G_l festgelegt. Die in einem bestimmten Augenblick der Kristallisation vorliegende Spurenelementkonzentration der fluiden Phase ist also das Produkt aus einer festgelegten Größe und der (qb - 1)-ten Potenz der Menge der jeweils noch vorhandenen fluiden Phase.

Unter Verwendung von II-4-1 erhält man für die Spurenelementkonzentration des Kristalls an einem bestimmten Zeitpunkt der Kristallisation

$$\text{(II-4-14)} \quad c_k = b\ c_{l,o} \left(\frac{G_l}{G_{l,o}} \right)^{(qb - 1)}.$$

Die in einer unendlich dünnen Schicht in einem bestimmten Augenblick an einer bestimmten Stelle im Kristall vorliegende Konzentration c_k ist streng genommen nicht meßbar. Man mißt stets nur die mittlere Konzentration eines Kristalls für einen bestimmten Bildungsabschnitt. Eine gute Annäherung erhält man jedoch bei Verwendung einer Elektronen-Mikrosonde, mit der man an Schnitten durch Kristalle die chemische Zusammensetzung kleiner Flächen ($\sim 2\mu$ Ø) bestimmen kann. Der Spurenelementgehalt eines derartig kleinen Areals entspricht praktisch der in einem bestimmten Augenblick der Kristallisation vorliegenden Konzentration.

Sollen c_l oder c_k als Funktion der abgeschiedenen Kristallmenge anstelle der noch vorhandenen fluiden Phase betrachtet werden, bekommt man mit II-4-6

$$\text{(II-4-15)} \qquad c_l = c_{l,o} \left(1 - \frac{G_k}{qG_{l,o}}\right)^{(qb - 1)}$$

und

$$\text{(II-4-16)} \qquad c_k = b\, c_{l,o} \left(1 - \frac{G_k}{qG_{l,o}}\right)^{(qb - 1)} .$$

Das Ergebnis der Ableitung ist als Fraktionierungsmodell von RAYLEIGH (1902) oder als Gleichung von BOEKE (1908) bekannt. Anstelle der gewichtsmäßigen Konzentrationen können auch Molenbrüche gesetzt werden. Der Faktor q ist dann zu ersetzen durch einen auf molare Mengen bezogenen Anteil des Kristallisats an der Gesamtabscheidung.

Die heterogene Verteilung von Spurenkomponenenten ist bislang für den Fall behandelt worden, in dem ein Kristall einen einzigen Nebenbestandteil einbaut. Nimmt ein Kristall mehrere Spurenelemente auf, gelten die gleichen Verhältnisse. Das Verhalten und die Verteilung eines jeden der im System anwesenden Spurenelemente wird mit der jeweiligen Verteilungskonstanten nach einer der Gleichungen II-4-11 bis II-4-16 beschrieben. Diese Gleichungen dürfen dagegen nicht benutzt werden, wenn bei der Kristallisation mehrere Kristallsorten entstehen, die das gleiche Spurenelement aufnehmen. Die bislang für die Fraktionierung benutzten Gleichungen müssen in diesem Fall modifiziert werden.

Es soll angenommen werden, daß sich zwei Kristallphasen gleichzeitig aus ein und derselben fluiden Phase abscheiden und hierbei dieselbe Spurenkomponente einbauen. Für die Verteilung des Spurenbestandteils zwischen dem Kristall 1 und der fluiden Phase gilt analog zu II-4-1

$$\text{(II-4-17)} \qquad c_{k1} = b_1\, c_l .$$

Die Verteilung der Nebenkomponente zwischen der fluiden Phase und dem Kristall 2 lautet

$$\text{(II-4-18)} \qquad c_{k2} = b_2\, c_l .$$

In diesen Gleichungen sind

$$(II-4-19) \qquad c_{k1} = \frac{g_{k1}}{G_{k1}}$$

und

$$(II-4-20) \qquad c_{k2} = \frac{g_{k2}}{G_{k2}}.$$

Für c_l gilt die Definition von II-4-3. Im Verlauf eines Kristallisationsintervalls ändert sich die vor Beginn der Abscheidung vorhandene Menge $g_{l,o}$ der Spurenkomponente auf den Wert g_l. Diese Änderung entspricht der Menge der in beiden Kristallphasen eingebauten Nebenkomponente. Es ist also

$$(II-4-21) \qquad (g_{k1} + g_{k2}) = (g_{l,o} - g_l) = \Delta g_l.$$

Die Menge des gesamten Kristallisats setzt sich aus den Mengen der beiden einzelnen Kristallphasen zusammen. In Analogie zu II-4-6 erhält man

$$(II-4-22) \qquad (G_{k1} + G_{k2}) = q\,(G_{l,o} - G_l) = q\Delta G_l.$$

Der Faktor q hat die gleiche Bedeutung wie in II-4-6. Er berücksichtigt die Summe der Anteile von Kristallphasen mit gleichem Ersatz an der Gesamtabscheidung. Nach Übergang von den Differenzen zu den Differentialen resultiert

$$(II-4-23) \qquad \frac{dg_l}{dG_l} = q\,\frac{g_{k1} + g_{k2}}{G_{k1} + G_{k2}}.$$

Unter Benutzung von II-4-17 bis II-4-20 und II-4-3 erhält man

$$(II-4-24) \qquad \frac{dg_l}{dG_l} = \frac{g_l}{G_l}\,q\,\frac{b_1 G_{k1} + b_2 G_{k2}}{G_{k1} + G_{k2}}.$$

Der Anteil des Kristalls 1 an der Gesamtmenge der Kristalle, die das Spurenelement aufnehmen, ist

$$(II-4-25) \qquad p_1 = \frac{G_{k1}}{G_{k1} + G_{k2}}.$$

Für den Kristall 2 gilt

$$(II-4-26) \qquad p_2 = \frac{G_{k2}}{G_{k1} + G_{k2}}.$$

Hiermit bekommt man

$$(II\text{-}4\text{-}27)\qquad \frac{dg_1}{dG_1} = \frac{g_1}{G_1} q\ (b_1p_1 + b_2p_2).$$

Die Integration liefert dann in Analogie zu II-4-12 und den folgenden Gleichungen für die fortlaufende Änderung der Konzentration der Spurenkomponente in der fluiden Phase die Beziehung

$$(II\text{-}4\text{-}28)\qquad c_1 = c_{1,o}\left(\frac{G_1}{G_{1,o}}\right)^{(q\ (b_1p_1 + b_2p_2) - 1)}.$$

Für die an einem bestimmten Augenblick der Kristallisation an einer bestimmten Stelle des Kristalls 1 vorhandene Konzentration gilt

$$(II\text{-}4\text{-}29)\qquad c_{k1} = b_1\ c_{1,o}\left(\frac{G_1}{G_{1,o}}\right)^{(q\ (b_1p_1 + b_2p_2) - 1)}.$$

Der Verlauf der Konzentration im Kristall 2 ergibt sich aus

$$(II\text{-}4\text{-}30)\qquad c_{k2} = b_2\ c_{1,o}\left(\frac{G_1}{G_{1,o}}\right)^{(q\ (b_1p_1 + b_2p_2) - 1)}$$

Wenn bei einer Kristallisation mehr als zwei Kristallphasen ein und dasselbe Spurenelement einbauen, ist der Exponent sinngemäß zu verändern. Es gilt allgemein für den Einbau einer Nebenkomponente in 1, 2 ...... i gleichzeitig abgeschiedene Kristallphasen $q\ (b_1p_1 + b_2p_2 + \ldots\ldots + b_ip_i) - 1$.

Aufgabe 2

Eine gesättigte NaCl-Lösung hat bei 25°C die Zusammensetzung 36 g NaCl/100 g H_2O. Aus 1 000 g der Lösung wird NaCl durch Verdunsten von H_2O abgeschieden. Wie groß ist die Br^--Konzentration c_1 der Lösung und die Konzentration c_k des Kristallisats, wenn 25%, 50% und 75% des NaCl kristallisiert sind? Die Verteilungskonstante ist b = 0,16. Die Lösung hat am Beginn der Kristallisation eine Konzentration von 100 ppm Br^-.

Aufgabe 3

Bei 25°C herrscht Gleichgewicht zwischen NaCl, KCl und einer an beiden Salzen gesättigten Lösung, wenn die Lösung die Zusammensetzung (29,8 g NaCl + 16,1 g KCl)/100 g H_2O hat. Aus 1 000 g der Lösung werden NaCl und KCl gemeinsam durch Verdunsten von Wasser abgeschieden. Wie groß ist die Br^--Konzentration der Lösung, wenn 25%, 50% und 75% des NaCl kristallisiert sind? Wie lauten die zugehörigen Br^--Konzentrationen c_k des NaCl und des KCl? Die Lösung hat am Anfang der Kristallisation eine Konzentration von 100 ppm Br^-. Die Verteilungskonstanten sind $b_{NaCl} = 0{,}14$ und $b_{KCl} = 0{,}80$.

5. Typen von Spurenelementverteilungen

Das Ergebnis der Spurenelementverteilung hängt vom Exponenten (qb - 1) ab (Gleichungen II-4-12 - II-4-16). Es ist zu beachten, daß die Verteilungskonstante nur positive Werte annehmen kann ($b > 0$). Im Spezialfall $b = 1$ findet zwischen der fluiden Phase und dem Kristall keine Fraktionierung statt. Der Faktor q kann dagegen sowohl positive als negative Werte annehmen. Der Wert $q = 1$ wird aber nicht überschritten ($q \leqq 1$). Aus der Gleichung II-4-6 geht hervor, daß bei positiven Werten von q $G_{1,o} > G_1$ ist. Die fluide Phase nimmt also mit fortschreitender Kristallisation ab. Dieser Fall liegt z.B. vor bei der Kristallisation einer Schmelze oder bei der Kristallisation durch Verdampfen einer Lösung. Ein negativer Wert für q resultiert, wenn $G_{1,o} < G_1$ ist. Die fluide Phase nimmt hier also mit fortschreitender Kristallisation zu. Ein solcher Fall liegt vor, wenn zu einer Lösung kontinuierlich Reagenzien gegeben werden, die mit der Lösung unter Kristallbildung reagieren (z.B. Zugabe von $BaCl_2$-Lösung zu einer H_2SO_4-Lösung, Abscheiden von $BaSO_4$).

Tabelle II-1. Mögliche Kombinationen von q und b und der hieraus resultierende Kristallaufbau

q • b	(qb - 1)	$G_{1,o} - G_1$	Kombination	Fraktionierung	Kristallaufbau
> 1	> 0	> 0	$q = 1, b > 1$	$c_k > c_l$	heterogen
			$0 < q < 1, b > 1$	$c_k > c_l$	heterogen
1	0	> 0	$q = 1, b = 1$	$c_k = c_l$	homogen
			$0 < q < 1, b > 1$	$c_k > c_l$	homogen, trotz $b > 1$
< 1	< 0	> 0	$q = 1, 0 < b < 1$	$c_k < c_l$	heterogen
			$0 < q < 1, 0 < b < 1$	$c_k < c_l$	heterogen
			$0 < q < 1, b = 1$	$c_k = c_l$	heterogen, trotz $b = 1$
			$0 < q < 1, b > 1$	$c_k > c_l$	heterogen
		< 0	$q < 0, b > 1$	$c_k > c_l$	heterogen
			$q < 0, 0 < b < 1$	$c_k < c_l$	heterogen
			$q < 0, b = 1$	$c_k = c_l$	heterogen, trotz $b = 1$

Die Tabelle II-1 gibt eine Übersicht der verschiedenen Kombinationen von q und b und den hieraus resultierenden Kristallaufbau. In den folgenden Abschnitten werden die verschiedenen Fälle in der Reihenfolge der Tabelle besprochen. Hierbei werden zuerst die Verhältnisse für $G_{1,o} > G_1$ erörtert.

Ist $q \cdot b > 1$, wird der Exponent positiv (Abb. II-3). In der fluiden Phase nimmt die Konzentration der Nebenkomponente im Verlauf der Kristallisation ab. Die Spurenelementverteilung im Kristall ist heterogen. Die in einer unendlich dünnen Schicht vorhandene Konzentration c_k nimmt vom Zentrum des Kristalls zur Peripherie ab. In jedem Augenblick der Kristallisation ist aber die Konzentration der Spurenkomponente in einer dünnen Schicht an der Oberfläche des Kristalls größer als die Konzentration des Spurenelements in der fluiden Phase ($c_k > c_l$).

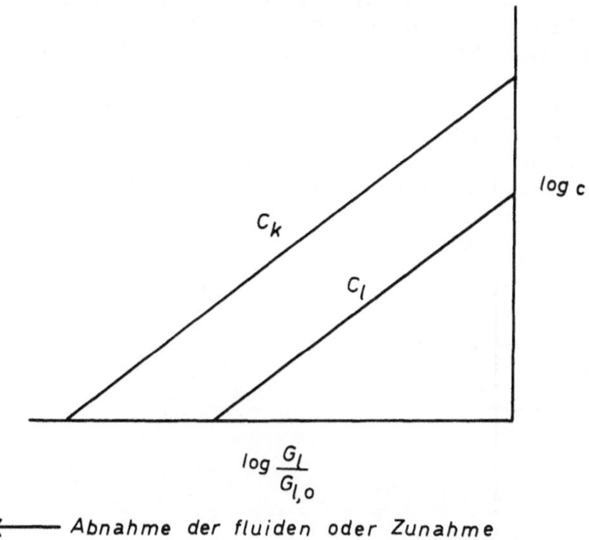

Abb. II-3. Verlauf des Spurenelementgehalts während der Kristallisation für den Fall qb > 1 und $G_{l,o} > G_l$. c_k, c_l : Konzentration der Spurenkomponente im Kristall, in der fluiden Phase. $G_{l,o}$, G_l: Menge der fluiden Phase am Anfang, an einem beliebigen Zeitpunkt der Kristallisation. Bildung einer einzigen Kristallart. *log c*: $\log(c_l/c_{l,o})$ bzw. $\log(c_k/c_{l,o})$

Im Fall $q \cdot b = 1$ ist der Kristallaufbau homogen (Abb. II-4). Die Konzentration der Nebenkomponente ist an allen Stellen gleich groß. Die Bedingung $q \cdot b = 1$ kann durch das Produkt aus $q = 1$ und $b = 1$ sowie durch das Produkt aus $0 < q < 1$ und $b > 1$ erfüllt werden. Im ersten Fall ist in jedem Augenblick der Kristallisation die Konzentration der fluiden Phase gleich der des Kristalls.

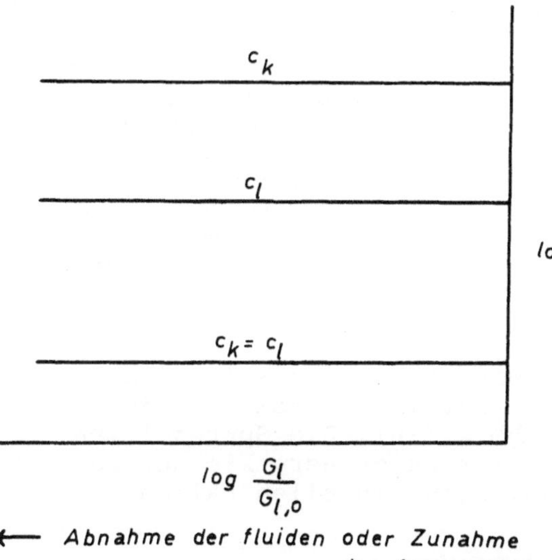

Abb. II-4. Verlauf des Spurenelementgehalts während der Kristallisation für den Fall qb = 1 und $G_{l,o} > G_l$. Bezeichnungen wie in Abb. II-3. Die beiden oberen Kurven gelten für $o < q < 1$ und $b > 1$, die untere für $q = 1$ und $b = 1$

Bei der zweiten Möglichkeit, einem Produkt aus $0 < q < 1$ und $b > 1$ tritt der Fall ein, daß trotz des Vorhandenseins einer Fraktionierung zwischen Kristallisat und fluider Phase homogene Kristalle entstehen.

Ist $q \cdot b < 1$, wird der Exponent negativ. In der fluiden Phase nimmt die Konzentration der Spurenkomponente bei der Kristallbildung zu (Abb. II-5). Die Kristalle haben einen heterogenen Aufbau. An der Peripherie ist die Spurenkonzentration größer als im Zentrum. Für die Produkte aus $q = 1$ und $0 < b < 1$ sowie $0 < q < 1$ und $0 < b < 1$ ist $c_k < c_l$. Ist $0 < q < 1$ und $b = 1$, wird $c_k = c_l$. Auch in diesem Fall ist die Spurenverteilung heterogen, obwohl die Verteilungskonstante den Zahlenwert 1 hat. Wenn $b > 1$ ist, wird $c_k > c_l$ (nicht dargestellt in Abb. II-5).

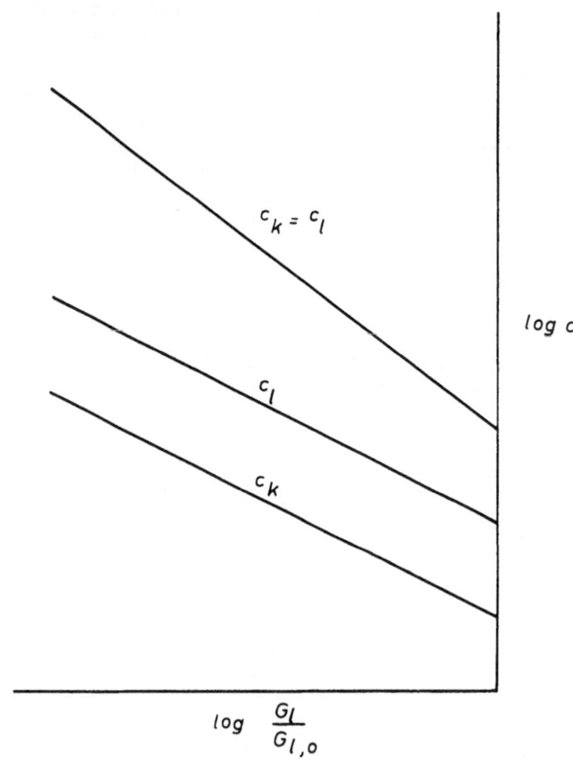

Abb. II-5. Verlauf des Spurenelementgehalts während der Kristallisation für den Fall $qb < 1$ und $G_{l,o} > G_l$. Bezeichnungen wie in Abb. II-3. Die oberste Kurve gilt für $o < q < 1$ und $b = 1$

Nimmt die Menge der fluiden Phase mit wachsender Kristallmenge zu ($q < 0$, $G_{l,o} < G_l$), ist der Exponent im Gegensatz zu den Fällen für $G_{l,o} > G_l$ stets negativ (Abb. II-6). Die Spurenelementkonzentration des Kristallisats (c_k) kann größer, kleiner oder gleich derjenigen der fluiden Phase sein. In allen Fällen entstehen heterogene Kristalle.

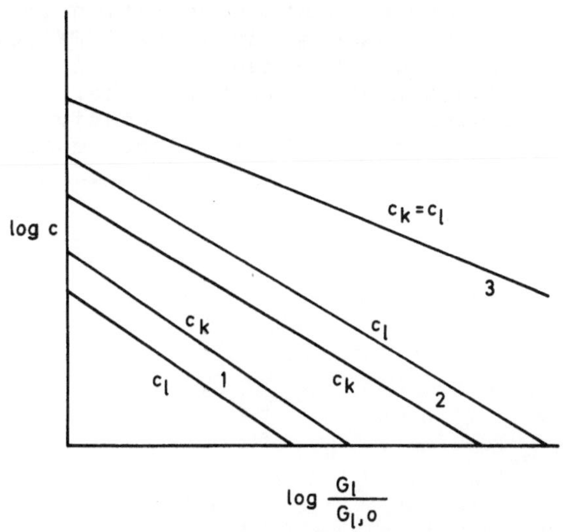

Abb. II-6. Verlauf des Spurenelementgehalts während der Kristallisation für den Fall $q \cdot b < 1$ und $G_{l,o} < G_l$. Bezeichnungen wie in Abb. II-3. *1*: $b > 1$, *2*: $b < 1$, *3*: $b = 1$

Der Fall $q \cdot b = 0$ (Abb. II-7) beschreibt die Anreicherung der Spurenkomponente in der fluiden Phase, wenn sich ausschließlich Kristalle bilden, die das Spurenelement nicht einbauen. Ferner wird hierdurch die Anreicherung der Nebenkomponente in einer Lösung durch Verdampfen von Wasser ohne Kristallbildung beschrieben. Die Differenz $G_{l,o} - G_l$ entspricht in diesem Fall der Menge des verdunsteten Wassers. Auch die Verdünnung einer Lösung ohne Kristallbildung wird durch den Fall $q \cdot b = 0$ beschrieben.

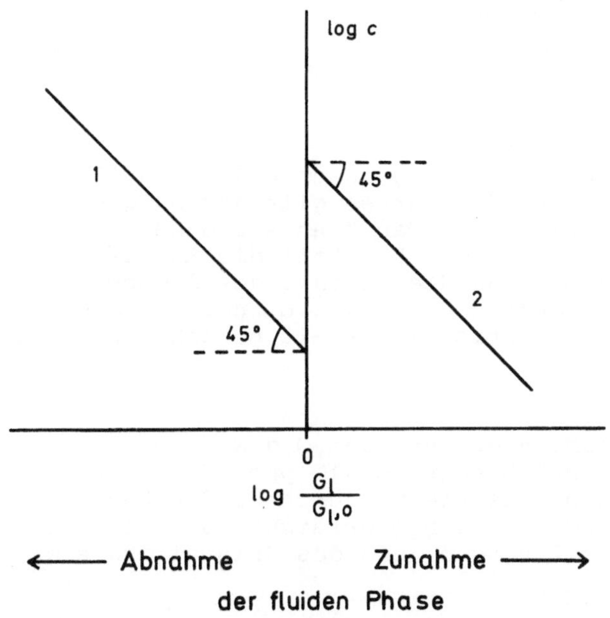

Abb. II-7. Verlauf des Spurenelementgehalts in der fluiden Phase, wenn kein Ersatz zustande kommt ($q \cdot b = 0$). *1*: Anreicherung der Spurenkomponente durch Verdunsten einer Lösung ohne Abscheidung von Kristallen oder Bildung von Kristallen, die das Spurenelement nicht einbauen. *2*: Konzentrationserniedrigung durch Verdünnung. Bezeichnungen wie in Abb. II-3

In den Abb. II-8 und II-9 ist die Spurenelementkonzentration im Kristall als Funktion des Kristalldurchmessers für je zwei Fälle von qb > 1 und qb < 1 dargestellt. Ist der Exponent der Gleichung II-4-14 positiv, nimmt die Konzentration in Form einer Glockenkurve vom Zentrum zur Peripherie ab. Bei einem negativen Exponenten steigt der Gehalt der Nebenkomponente in Richtung auf

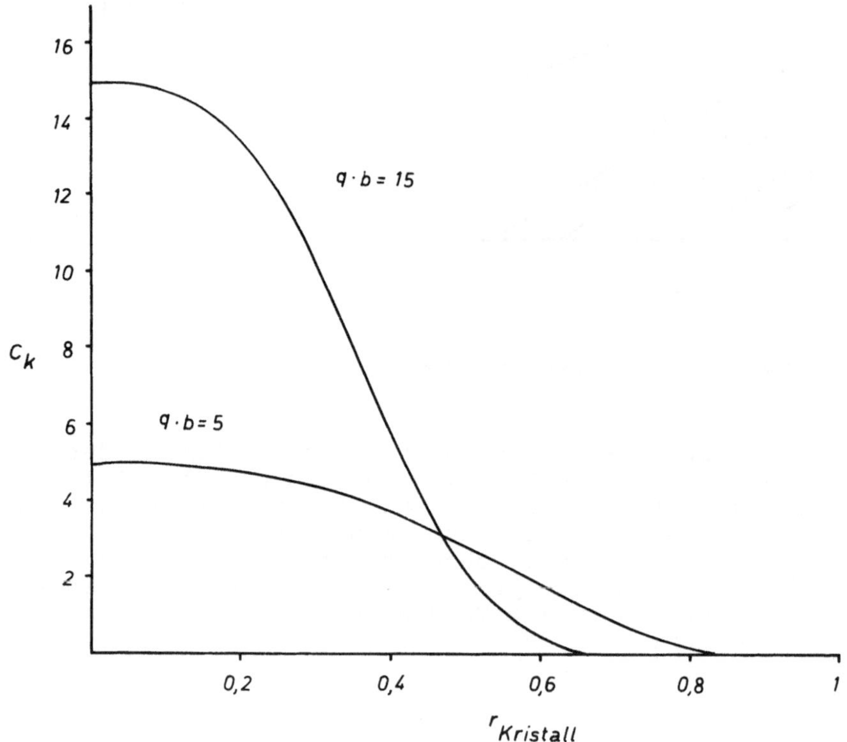

Abb. II-8. Der Verlauf der Spurenelementkonzentration in einem kugelförmigen Kristall als Funktion des Kristallradius für qb > 1

die Peripherie an. Der Anstieg ist in den inneren Partien flacher als in den äußeren. Die Form der Kurven gilt streng genommen nur für kugelförmige Kristalle. Man kann sie daher nur auf solche Fälle beziehen, in denen der Kristall die Kugelform einigermaßen approximiert, z.B. wenn die Gestalt des Rhombendodekaeders vorliegt. Hat man andere Formen, z.B. nadelförmige Kristalle, muß man die jeweilige Kristallgestalt berücksichtigen.

Aufgabe 4

Eine NaCl-Lösung mit der Zusammensetzung von 30 g NaCl + 970 g H_2O hat bei 25°C einen Br^--Gehalt von 10 ppm. Wie groß ist die Br^--Konzentration, wenn die Lösung durch Verdunsten von H_2O die Sättigung von 36 g NaCl/100 g H_2O erreicht hat? Wie groß ist die Br^--Konzentration der Lösung c_1 und des Kristallisats c_k, wenn sich 25%, 50% und 75% des NaCl abgeschieden haben? Es ist $b_{NaCl} = 0,16$.

Aufgabe 5

Aus 100 g einer gesättigten NaCl-Lösung (36 g NaCl/100 g H_2O, 25°C) mit 1 000 ppm Br^- soll sich ein kugelförmiger Kristall mit 2 cm Durchmesser abscheiden. Die Dichte von Steinsalz ist $\rho = 2,2$. Ferner ist b = 0,16. Es ist der Verlauf der Konzentration c_k als Funktion des Kristallradius in Intervallen von 0,2 cm zu ermitteln. Wie ist der Verlauf der Konzentration, wenn sich der Kristall aus 50 g Lösung abscheidet?

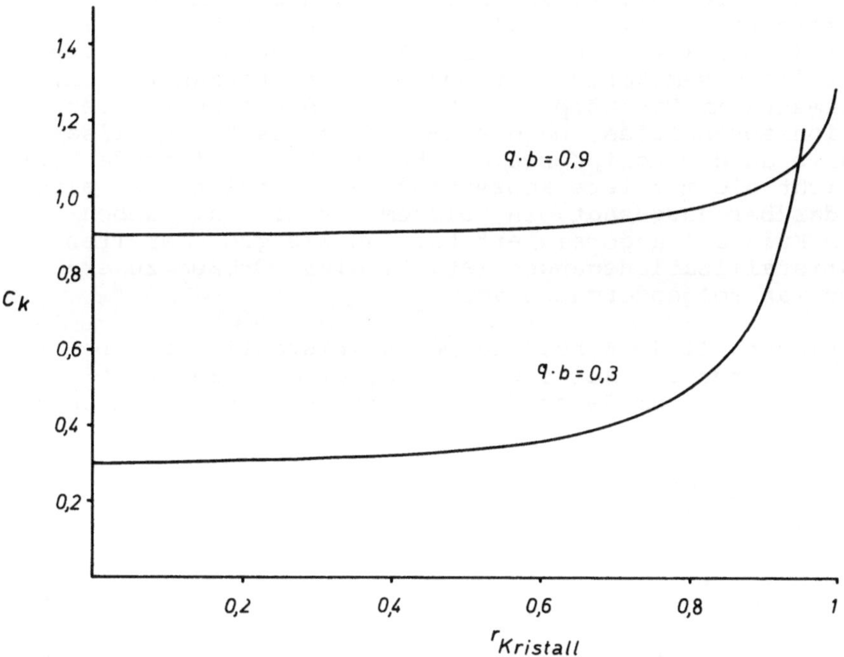

Abb. II-9. Der Verlauf der Spurenelementkonzentration in einem kugelförmigen Kristall als Funktion des Kristallradius für qb < 1

Aufgabe 6

Der 10 ppm betragende Bleigehalt eines Abwassers soll erniedrigt werden. Da diese Konzentration kleiner ist als die Sättigungskonzentration von wenig löslichen Pb-Salzen, wird aus der Lösung durch Zugabe von Ba^{2+}- und SO_4^{2-}-Ionen Bariumsulfat abgeschieden. Hierbei wird ein Teil des gelösten Pb^{2+} anstelle des Ba^{2+} in das Kristallgitter des $BaSO_4$ eingebaut. Für die Abscheidung (26°C) werden gleichzeitig aus getrennten Zuleitungen äquimolare Lösungen von $BaCl_2$ und Na_2SO_4 in das Abwasser eingeleitet. Wie groß ist die Pb^{2+}-Konzentration der Lösung, wenn zur Bildung von 5 g $BaSO_4$ in 1 000 g Abwasser eine 0,1 m $BaCl_2$- und eine

0,1 m Na_2SO_4-Lösung benutzt werden (m = molal; Molalität = Mol/kg Lösungsmittel)? Wie groß sind die jeweiligen Konzentrationen, wenn man die Fällung mit 0,01 m Lösungen durchführt? Der Einfachheit halber wird die Dichte jeder Lösung als 1 angenommen. Ferner wird die kleine Löslichkeit des $BaSO_4$ vernachlässigt. Die Verteilungskonstante für den Einbau von Pb^{2+} in $BaSO_4$ ist b = 10,9. Es ist zu beachten, daß das Ba-Sulfat beim Verdünnen gefällt wird. Die Menge der Lösung nimmt also zu.

6. Die mittlere Spurenelementkonzentration und effektive Fraktionierung

Die Gleichungen für die heterogene Spurenelementverteilung beschreiben nur wie groß die Konzentration der Nebenkomponente an einer bestimmten Stelle im Kristall ist, die einem bestimmten Zeitpunkt der Kristallisation entspricht. Sie geben aber keine Auskunft über die Gesamtkonzentration (mittlere Konzentration) des Spurenelements im Festkörper nach Ablauf eines bestimmten Kristallisationsabschnittes. Da die am Ende eines Kristallisationsintervalls an der Peripherie des Kristalls vorliegende Konzentration nicht die mittlere Konzentration darstellt, ist also noch nichts darüber ausgesagt, in welchem Maß sich die Nebenkomponente im Kristall angereichert hat und wie groß der Trenneffekt des Kristallisationsganges ist. Um diese Größen zu ermitteln, geht man folgendermaßen vor.

Da in der Gleichung II-4-14 bei gegebenen Kristallisationsbedingungen auf der rechten Seite bis auf G_l alle Größen festgelegt sind, kann man zum Zweck der bequemeren Übersicht auch schreiben

(II-6-1) $$c_k = K\, G_l^{(qb - 1)}.$$

Hierin bedeutet

(II-6-2) $$K = \frac{b\, c_{l,o}}{G_{l,o}^{(qb - 1)}}.$$

Die Gleichung II-6-1 ist in der Abb. II-10 für einen positiven und einen negativen Exponenten dargestellt. Von den beiden Funktionen interessieren nur die Teile im 1. Quadranten, da Massen und Konzentrationen nur positive Größen sind. Um nun die mittlere Konzentration eines im Intervall zwischen $G_{l,o}$ und G_l gebildeten Kristalls zu bestimmen, muß man die zu diesem Abschnitt gehörenden Konzentrationen c_k summieren und auf die Differenz $G_{l,o} - G_l$ beziehen. Zu diesem Zweck integriert man die Gleichung II-6-1 in den Grenzen $G_{l,o}$ und G_l und dividiert das Ergebnis durch $G_{l,o} - G_l$. Die mittlere Spurenelementkonzentration eines Kristalls ist also

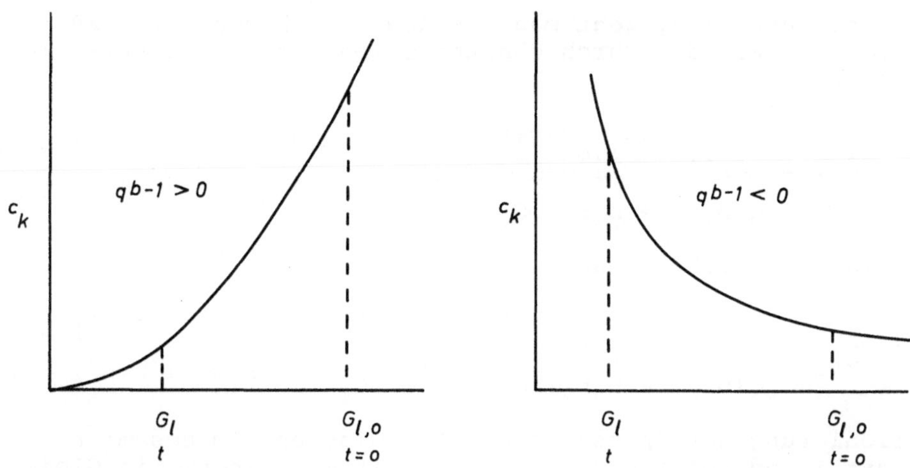

Abb. II-10. Der Verlauf der Spurenelementkonzentration c_k im Kristall als Funktion der Restmenge der fluiden Phase G_l für einen negativen und einen positiven Exponenten (qb - 1). Die Mengen $G_{l,o}$ und G_l der fluiden Phase entsprechen den Zeitpunkten t = 0 und t

$$\text{(II-6-3)} \qquad \bar{c}_k = \frac{K \int_{G_l}^{G_{l,o}} G_l^{(qb-1)}\, dG_l}{(G_{l,o} - G_l)} = \frac{\left. \frac{K}{q\,b} G_l^{qb} \right|_{G_l}^{G_{l,o}}}{(G_{l,o} - G_l)}.$$

Nach Einsetzen der Größen für K erhält man

$$\text{(II-6-4)} \qquad \bar{c}_k = \frac{c_{l,o}\,(G_{l,o}^{qb} - G_l^{qb})}{q(G_{l,o} - G_l)\; G_{l,o}^{(qb-1)}}$$

oder

$$\text{(II-6-5)} \qquad \bar{c}_k = \frac{c_{l,o}}{q} \; \frac{1 - \left(\frac{G_l}{G_{l,o}}\right)^{qb}}{1 - \frac{G_l}{G_{l,o}}}.$$

Um zu sehen wie groß die Fraktionierung der Spurenkomponente zwischen dem gesamten Kristallisat und der fluiden Phase ist, muß man das Verhältnis $\bar{c}_k/c_l$ = R bilden. Es ist

$$\text{(II-6-6)} \qquad R = \frac{(G_{l,o}^{qb} - G_l^{qb})}{q(G_{l,o} - G_l)\; G_l^{(qb-1)}}.$$

Wird das Spurenelement gleichzeitig in mehrere Arten von Kristallen eingebaut, ist die Summe aller Produkte qb zu berücksichtigen. Wenn z.B. zwei verschiedene Kristalle 1 und 2 das

Spurenelement aufnehmen, geht man von den Gleichungen II-4-29 und II-4-30 aus. Für die Durchschnittskonzentration des Kristalls 1 gilt

$$(II\text{-}6\text{-}7)\qquad \bar{c}_{k1} = \frac{b_1 c_{1,o}\,(G_{1,o}^{\,q(b_1p_1 + b_2p_2)} - G_1^{\,q(b_1p_1 + b_2p_2)})}{q(b_1p_1 + b_2p_2)(G_{1,o} - G_1)\;G_{1,o}^{\,(q(b_1p_1 + b_2p_2) - 1)}}\,.$$

Für den Kristall 2 erhält man

$$(II\text{-}6\text{-}8)\qquad \bar{c}_{k2} = \frac{b_2 c_{1,o}\,(G_{1,o}^{\,q(b_1p_1 + b_2p_2)} - G_1^{\,q(b_1p_1 + b_2p_2)})}{q(b_1p_1 + b_2p_2)(G_{1,o} - G_1)G_{1,o}^{\,(q(b_1p_1 + b_2p_2) - 1)}}\,.$$

Die Fraktionierung der Spurenkomponente zwischen dem gesamten Kristallisat 1 und der fluiden Phase erhält man, indem die Gleichung II-6-7 durch II-4-28 dividiert wird.

$$(II\text{-}6\text{-}9)\qquad R_1 = \frac{\bar{c}_{k1}}{c_1} = \frac{b_1(G_{1,o}^{\,q(b_1p_1 + b_2p_2)} - G_1^{\,q(b_1p_1 + b_2p_2)})}{q(b_1p_1 + b_2p_2)(G_{1,o} - G_1)G_1^{\,(q(b_1p_1 + b_2p_2) - 1)}}\,.$$

Die Fraktionierung für das gesamte Kristallisat 2 ist $R_2 = \frac{\bar{c}_{k2}}{c_1}$. Man erhält sie indem man in II-6-9 die Konstante b_1 vor der Klammer über dem Bruchstrich durch die Konstante b_2 ersetzt.

Aufgabe 7

Wie groß sind in Aufgabe 2 die mittleren Br^--Konzentrationen $\bar{c}_k$ des NaCl und die zugehörigen Trennfaktoren R, wenn 25%, 50% und 75% kristallisiert sind? Wie groß sind die mittleren Konzentrationen für die Kristallisationsintervalle 25-50%, 50-75% und 25-75% NaCl?

Aufgabe 8

Wie groß sind in Aufgabe 3 die mittleren Konzentrationen $\bar{c}_{NaCl}$ und $\bar{c}_{KCl}$ sowie die Trennfaktoren R_{NaCl} und R_{KCl}, wenn 50% des NaCl kristallisiert sind?

7. Der Einbau von Spurenkomponenten bei der gleichzeitigen und fortlaufenden Entstehung von vielen Kristallen

Die Entstehung eines einzelnen Kristalls ist nicht der Normalfall bei Kristallisationsexperimenten. Einkristalle herzustellen ist schwierig. Das Gelingen hängt von vielen Faktoren ab, die noch nicht in allen Einzelheiten übersehen werden. In der Regel tritt dagegen der Fall ein, daß bei einem Kristallisierversuch viele Kristalle nebeneinander und nacheinander entstehen. Hierbei können sich die individuellen Wachstumsphasen zeitlich überschneiden. Das gleiche gilt für die Kristallisation von Mineralen im Verlauf der Gesteinsbildung. Die Anzahl der in einem bestimmten Bildungsabschnitt entstandenen Kristalle und ihre Größe ist abhängig von der Keimbildungshäufigkeit und der Wachstumsgeschwindigkeit.

Zur Veranschaulichung dieser Verhältnisse sind in der Abb. II-11 die Wachstumsphasen von 4 Kristallen schematisch dargestellt. Das Wachstum der Kristalle I, II, III und IV beginnt an den Zeitpunkten O, 1, 2 und 3. Es überschneiden sich die Wachstumsphasen der Kristalle I und II sowie die von II, III und IV. Wird bei der Kristallisation ein Spurenelement eingebaut, erhalten alle Kristalle wieder eine heterogene Verteilung der Nebenkomponente. Diese Verteilung ist aber von Kristall zu Kristall verschieden. So hat der Kristall II im Zentrum eine Spurenelementkonzentration wie sie Kristall I an den dem Zeitpunkt 1 entsprechenden Stellen besitzt. Beim Kristall III ist die Konzentration im Zentrum so groß wie bei II an der Stelle t = 2. Im Zentrum des Kristalls IV entspricht die Konzentration derjenigen, die bei der Wachstumsphase t = 3 der Kristalle II und III vorliegt. Gleiche Spurenelementgehalte charakterisieren also gleiche Zeiten.

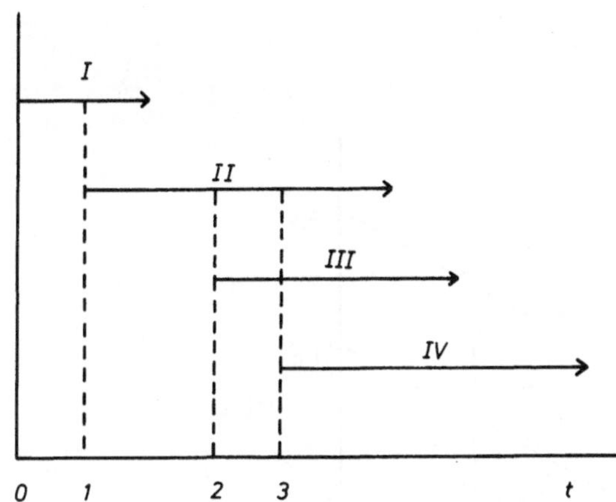

Abb. II-11. Wachstumsphasen von 4 nacheinander gebildeten Kristallen

Es erhebt sich nun die Frage, ob die für die Bildung eines einzelnen Kristalls abgeleiteten Beziehungen auch dann benutzt werden können, wenn bei einer Kristallisation innerhalb eines Abschnittes $G_{l,o} - G_l = G_k$ statt eines Einzelkristalls die gleiche Masse des Festkörpers in Form von vielen kleinen Kristallen abgeschieden wird. Zur Erörterung werden einige einfache Modelle betrachtet. Es soll zuerst angenommen werden, daß bei einer Kristallisation lückenlos nacheinander 3 Kristalle unterschiedlicher Masse (und damit auch Größe) entstehen (Abb. II-12). Die Kristallisationsabschnitte sind I, II und III. Wenn Kristall I zu wachsen aufhört, beginnt das Wachstum von II. Endet das Wachstum von II, beginnt der Kristall III. Während der Bildung von Kristall I ändert sich seine Spurenelementkonzentration nach II-4-14 von $c_{k,o}$ auf $c_{k,1}$. Da sich hierbei die Konzentration der Nebenkomponente in der fluiden Phase nach II-4-12 von $c_{l,o}$ auf $c_{l,1}$

erniedrigt hat, ist die Anfangskonzentration im Kristall II $c_{l,1} \cdot b = c_{k,1}$. Am Ende des Wachstums von II hat sich die Konzentration in der festen Phase auf $c_{k,2}$ und die in der fluiden Phase auf $c_{l,2}$ erniedrigt. Der Kristall III beginnt dann mit einer Konzentration $c_{l,2} \cdot b = c_{k,2}$. Man sieht, daß sich in dem angenommenen Beispiel die Verhältnisse bei der Kristallisation genau so beschreiben lassen wie für die Bildung eines Einzelkristalls im Abschnitt zwischen $G_{l,o}$ und $G_{l,3}$. Die Konzentrationsänderung des Spurenelements während des Wachstums eines der Kristalle und die zugehörige Konzentrationsänderung der fluiden Phase ermittelt man nach den oben angegebenen Gleichungen durch Einsetzen der Grenzen für den betreffenden Kristallisationsabschnitt. Das gleiche gilt für die mittlere Konzentration der Spurenkomponente $\bar{c}_k$ eines der Kristalle. Die Durchschnittskonzentration aller Kristalle erhält man aus dem arithmetischen Mittel der einzelnen Durchschnittskonzentrationen oder nach Integration in den betreffenden Grenzen und anschließende Division durch die Differenz dieser Grenzen. Im angenommenen Fall ist die Durchschnittskonzentration aller Kristalle also

$$\frac{\int_{G_{l,3}}^{G_{l,o}} c_k \, dG_l}{G_{l,o} - G_{l,3}}.$$

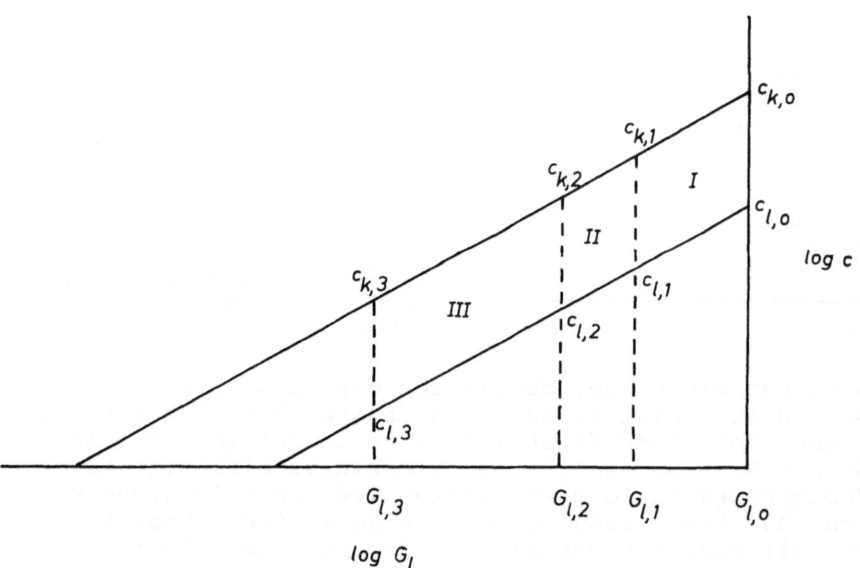

Abb. II-12. Die aufeinander folgende Abscheidung von 3 Kristallen.
I, II, III: Bildungsabschnitte der Kristalle

Es soll als weiterer Fall angenommen werden, daß sich aus einer fluiden Phase zwei identische Kristalle abscheiden. Sie sollen an den gleichen Zeitpunkten beginnen und aufhören zu wachsen.

Die Masse der beiden Kristalle entspricht der Differenz $G_{l,o} - G_l$. Bei der Kristallisation verteilt sich diese Masse gleichmäßig auf beide. Jeder einzelne hat also die Masse $G_{l,o}/2 - G_l/2$. Da nun beide Kristalle unabhängig von der Stückzahl am Beginn der Kristallisation die gleiche Anfangskonzentration $c_{k,o} = c_{l,o}$ b haben müssen und der Quotient aus $G_{l,o}/2$ und $G_l/2$ den Wert $G_{l,o}/G_l$ ergibt, läßt sich der Verlauf der Spurenkonzentration eines jeden Kristalls mit der Gleichung II-4-14 beschreiben. Beide Kristalle haben also den gleichen Aufbau. Maßgebend für die Konzentrationsänderung sind bei gegebenem $c_{l,o}$ nicht die Absolutwerte für $G_{l,o}$ und G_l sondern ihr Verhältnis. Das gleiche Resultat erhält man für die Durchschnittskonzentration des Spurenelements. Die mittlere Konzentration beider Kristalle ist gleich. Sie wird mit der Gleichung II-6-4 ermittelt.

Die beiden im Voranstehenden beschriebenen Modelle lassen sich in der Praxis nicht exakt verwirklichen. Der allgemeine Fall ist durch die in der Abb. II-13 skizzierten Verhältnisse charakterisiert. Trotzdem haben die beiden Modelle Bedeutung, da

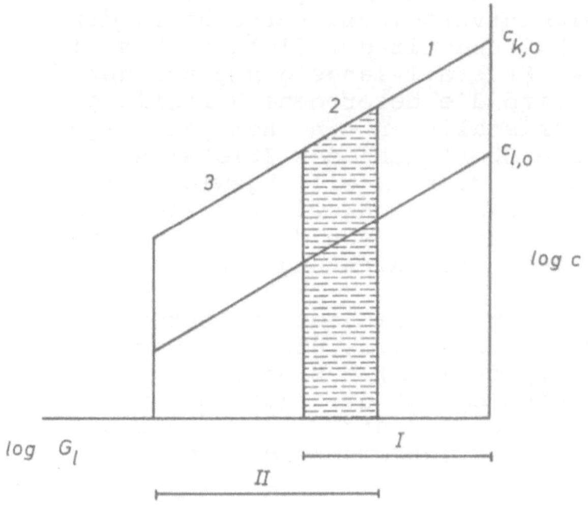

Abb. II-13. Die Entstehung von 2 Kristallen bei Überschneidung der individuellen Bildungsbereiche I und II. Beginn der Abszisse: log $G_{l,o}$

sich der allgemeine Fall durch eine Überlagerung beider Modelle beschreiben läßt. In der Abb. II-13 sind die Bildungsintervalle von zwei Kristallen I und II dargestellt. Die Kristallisationsabschnitte überlagern sich. Indem man die einzelnen Bereiche 1, 2 und 3 für sich betrachtet, kann man aber auf die beiden Modellfälle Bezug nehmen. Da für diese Fälle die Fraktionierung eines Spurenelements genau wie bei der Bildung eines einzelnen Kristalls beschrieben wird, gilt auch im Fall der Überlagerung von Kristallisationsabschnitten das gleiche. Die für die Fraktionierung bei der Entstehung eines Einzelkristalls hergeleiteten Beziehungen sind also auch dann anwendbar, wenn mehrere Kristalle nebeneinander und nacheinander entstehen.

Aufgabe 9

In der Aufgabe 2 sollen sich die Bildungsintervalle von 1 000 Kristallen überschneiden, wenn sich die abgeschiedene NaCl-Menge von 50% auf 51% ändert. Wie groß ist die mittlere Br^--Konzentration in den Kristallzonen, die in diesem Intervall gebildet wurden? Wie groß ist die absolute Menge des fixierten Br^- in den Zonen aller Kristalle, in der Zone eines einzelnen Kristalls? Es wird davon ausgegangen, daß sich die in dem Intervall abgeschiedene NaCl-Menge gleichmäßig auf alle Kristalle verteilt.

8. Umkristallisation

Läßt man Kristalle über längere Zeit mit der fluiden Phase, aus der sie abgeschieden wurden, in Berührung, können sie umkristallisieren. Hierbei geht eine ursprünglich heterogene Verteilung einer Spurenkomponente in eine homogene über, und zwischen der Durchschnittskonzentration der betreffenden Komponente im Kristall und ihrer Konzentration in der fluiden Phase stellt sich ein neues Verhältnis ein. Zur Veranschaulichung wird ein Kristall mit einer heterogenen Spurenelementverteilung betrachtet, der einen sehr hohen Schmelzpunkt hat und mit der fluiden Phase im Gleichgewicht ist. Läßt man den Kristall lange genug bei der Temperatur des Schmelzpunkts, wird die heterogene Verteilung durch Diffusion innerhalb des Kristalls in eine homogene umgewandelt. Hierdurch steht nun die Oberfläche des Kristalls bezüglich der Spurenkomponente nicht mehr im Gleichgewicht mit der fluiden Phase. Damit sich dieses Gleichgewicht wieder einstellt, wird die Nebenkomponente entweder von der fluiden Phase in den Kristall oder in der umgekehrten Richtung wandern.

Gleichgewicht herrscht wieder, wenn das am Ende der heterogenen Kristallisation vorliegende Verhältnis $\bar{c}_k/c_l$ übergegangen ist in das neue Verhältnis $(\bar{c}_k - c_x)/(c_l + c_x) = b$ oder $(\bar{c}_k + c_x)/(c_l - c_x) = b$. Die Größe c_x ist die Zunahme bzw. Abnahme der Konzentration des Spurenelements in der fluiden Phase oder im Kristall beim Übergang von einer heterogenen zu einer homogenen Verteilung.

Die Umkristallisation kann verschiedene Ursachen haben, die z.T. von der Art des vorliegenden Systems abhängig sind. In den meisten Fällen ist der Mechanismus der Umkristallisation noch nicht geklärt. Die Diffusion spielt nur bei höheren Temperaturen eine Rolle. Bei tieferen Temperaturen können andere Prozesse stattfinden. So neigen z.B. schon bei Raumtemperatur Kristalle mit großer Lösungsgeschwindigkeit auch in Gegenwart der gesättigten Lösungen ihrer Komponenten zur Umkristallisation (z.B. Alkali- und Erdalkali-Chloride, -Bromide und -Nitrate). Rührt man z.B. die durch Verdunsten einer Lösung hergestellten Kristalle längere Zeit zusammen mit dem Rest der Lösung, geht die heterogene in eine homogene Verteilung über. So lassen Versuche von MUMBRAUER (1931) am System Ra^{2+}-Ba^{2+}-Cl^--H_2O, bei denen die Trennung von Kristallen und Lösung gleich nach der Kristallisation erfolgte, einen heterogenen Aufbau des Kristallisats erkennen. Versuche von CHLOPIN und NIKITIN (1927) am gleichen System, bei denen die Festkörper nach der Abscheidung noch mehrere Stunden gerührt wurden, weisen dagegen auf einen homogenen Aufbau der Kristalle hin. Versuche von KÜHN (1955) zeigen, daß sich in einer an Carnallit ($KMgCl_3 \cdot 6\ H_2O$) gesättigten Br^--haltigen Lösung die Br^--Konzentration im Lauf der Zeit erhöht, wenn das am Beginn des Versuchs hinzugefügte Kristallisat eine höhere Br^--Konzentration hat als der Br^--Verteilung zwischen Carnallit und Lösung entspricht. Besitzt der Festkörper eine kleinere Konzentration als dem Verteilungsgleichgewicht entspricht, nimmt der Br^--Gehalt der Lösung als Funktion der Zeit ab (Tabelle II-2).

Tabelle II-2. Änderung der Br^--Konzentration von Carnallit-gesättigten Lösungen in Gegenwart von Carnallit mit höherem und niedrigerem Br^--Gehalt als in der Lösung. Der Verteilungsfaktor ist b = 0,89. In der ersten Zeile ist am Beginn des Versuchs die Br^--Konzentration im Carnallit größer als dem Verteilungsgleichgewicht entspricht. In der zweiten Zeile ist sie kleiner

Br^--Konzentration im Carnallit am Anfang des Versuchs	Br^--Konzentration (ppm) der Lösung nach Stunden				
(ppm)	etwa 1	20	120	190	318
3 415	2 480	2 655	-	2 734	2 736
18	8 914	8 882	8 813	-	-

Die Umkristallisation kann unter bestimmten Bedingungen bereits schon während der Kristallisation eintreten. In einem idealen Grenzfall erfolgen Abscheidung und Umwandlung gleichzeitig. Wenn ein derartiger Fall vorliegt, entspricht nicht nur die Konzentration an der Oberfläche des wachsenden Kristalls sondern auch die Konzentration an jeder beliebigen Stelle im Kristall dem Verteilungsgleichgewicht. Der Kristallaufbau ist homogen. In jedem Augenblick der Abscheidung gilt also bei gleichzeitiger Umkristallisation sowohl für die Kristalloberfläche als auch für den gesamten Kristall die Beziehung II-4-1. Mit den Gleichungen II-4-2, II-4-4 und II-4-6 wird aus II-4-1

$$\text{(II-8-1)} \qquad \frac{g_{1,o} - g_1}{G_{1,o} - G_1} = q\ b\ c_1 .$$

Indem man durch $G_{1,o}$ dividiert und die Gleichung II-4-3 benutzt, erhält man

$$\text{(II-8-2)} \qquad c_{1,o} = c_1 \frac{G_1}{G_{1,o}} + q\ b\ c_1 \left(1 - \frac{G_1}{G_{1,o}}\right).$$

Durch Umformen resultiert

$$(II-8-3) \quad c_l = \frac{c_{l,o}}{q\,b + \frac{G_l}{G_{l,o}}\,(1 - q\,b)}.$$

Diese Gleichung beschreibt den Verlauf der Konzentration der Spurenkomponente in der fluiden Phase bei gleichzeitiger Kristallisation und Umkristallisation. Unter Benutzung von II-4-1 erhält man hieraus den Verlauf der Konzentration c_k^T des Spurenbestandteils in der gesamten bis zum Kristallisationsstadium $G_l/G_{l,o}$ abgeschiedenen und rekristallisierten festen Phase. Es ist

$$(II-8-4) \quad c_k^T = \frac{c_{l,o}}{q + \frac{G_l}{G_{l,o}}\,(\frac{1}{b} - q)}.$$

Die Gleichungen II-8-3 und II-8-4 sind in der Abb. II-14 für verschiedene Verteilungskonstanten und den Fall q = 1 dargestellt. Am Anfang der Kristallisation ($G_l/G_{l,o}$ = 1) ist $c_k^T/c_{l,o} = b$ und $c_l = c_{l,o}$. Hat sich alles abgeschieden, ist $c_k^T/c_{l,o}$ = 1/q. Eine unendlich kleine Menge der fluiden Phase hat die relative Konzentration $c_l/c_{l,o}$ = 1/q b.

Die Gleichungen II-8-3 und II-8-4 sind nur zu verwenden, wenn sich eine einzige Kristallphase abscheidet. Bilden sich mehr als eine Kristallart, sind die Gleichungen zu modifizieren. Wenn sich z.B. zwei verschiedene kristalline Phasen ausscheiden, muß man von den Beziehungen II-4-21 und II-4-22 ausgehen. Anstelle von II-8-1 hat man also

$$(II-8-5) \quad \frac{g_{l,o} - g_l}{G_{l,o} - G_l} = q\,\frac{g_{k1} + g_{k2}}{G_{k1} + G_{k2}}.$$

Mit II-4-17 bis II-4-20, II-4-25, II-4-26 und II-4-3 erhält man

$$(II-8-6) \quad \frac{g_{l,o} - g_l}{G_{l,o} - G_l} = q\,c_l\,(b_1p_1 + b_2p_2).$$

Nach Division durch $G_{l,o}$ und Verwendung von II-4-3 resultiert eine der Gleichung II-8-2 ähnliche Beziehung, aus der man durch Umformen erhält

$$(II-8-7) \quad c_l = \frac{c_{l,o}}{q(b_1p_1 + b_2p_2) + \frac{G_l}{G_{l,o}}\,(1 - q(b_1p_1 + b_2p_2))}.$$

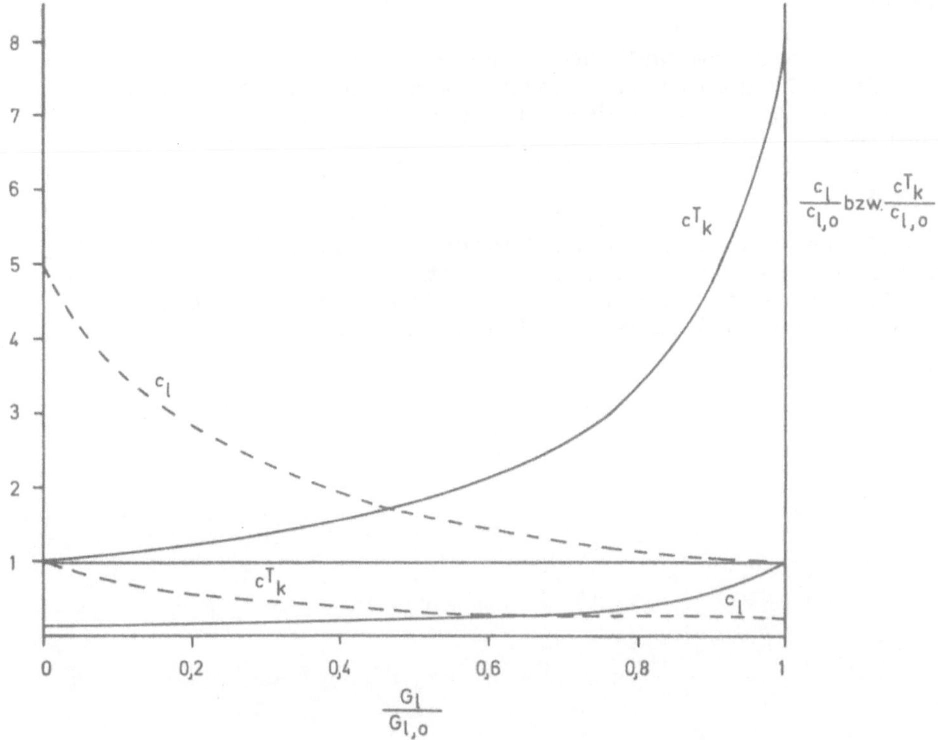

Abb. II-14. Verlauf der Konzentration der Spurenkomponente in der fluiden Phase (c_l) und im gesamten Kristallisat (c^T_k) bei gleichzeitiger Abscheidung und Rekristallisation. Die Darstellung gilt für den Fall q = 1. Bei den ausgezogenen Kurven ist b = 8. Die gestrichelten Kurven gelten für b = 0,2

Für die Konzentration c^T_{k1} erhält man durch Einsetzen von II-4-17

$$(\text{II-8-8}) \quad c^T_{k1} = \frac{c_{l,o}}{q(p_1 + \frac{b_2}{b_1} p_2) + \frac{G_l}{G_{l,o}} \left(\frac{1}{b_1} - q(p_1 + \frac{b_2}{b_1} p_2)\right)}.$$

Setzt man in II-8-7 die Gleichung II-4-18 ein, erhält man den Ausdruck für c^T_{k2}.

Aufgabe 10

Wenn in Aufgabe 2 vom NaCl 75% abgeschieden sind, soll der Festkörper in Gegenwart der Lösung umkristallisieren. Wie groß ist die Br^--Konzentration des NaCl und der Lösung nach der Umkristallisation?

Aufgabe 11

Wenn in Aufgabe 3 vom NaCl 50% abgeschieden sind, sollen das NaCl und das KCl umkristallisieren. Wie groß ist die Bromidkonzentration der Lösung, des NaCl und des KCl nach der Umkristallisation?

Aufgabe 12

In der Aufgabe 2 soll in jedem Augenblick der NaCl-Abscheidung gleichzeitig eine Rekristallisation stattfinden. Wie groß ist die Br^--Konzentration der Lösung und des Kristallisats, wenn 75% des gelösten NaCl abgeschieden sind?

III. Die Beziehung einiger gebräuchlicher Fraktionierungsformeln zum Nernst'schen Verteilungsgesetz

Neben dem Verteilungsgesetz von Nernst werden in der Literatur eine Reihe von anderen recht unterschiedlichen Formulierungen für die Beschreibung von Fraktionierungseffekten benutzt. Da diese Ausdrücke gewöhnlich nicht hergeleitet werden und die meist älteren Originalarbeiten häufig nicht zur Hand sind, ist es schwierig nachzuprüfen, auf welchen Grundlagen die Formulierungen beruhen. Es entsteht der Eindruck, daß der Einbau von Spurenelementen in Kristalle nach verschiedenen Gesetzen erfolgt. Das ist aber nicht der Fall. Die angegebenen Formeln sind empirisch gefunden. Sie lassen sich alle auf das Nernst'sche Gesetz zurückführen. Aus diesem Grund soll für die am meisten benutzten Formulierungen der Zusammenhang untereinander und mit dem Nernst'schen Gesetz erörtert werden.

HENDERSON und KRACEK (1927) beschrieben die Fraktionierung von Ra^{2+} zwischen $BaCrO_4$ und der Lösung im System Radium-Barium-Chromat-H_2O nach der Gleichung

$$\text{(III-1)} \qquad \frac{\left(\frac{g_k}{P_k}\right)}{\left(\frac{g_l}{P_l}\right)} = D$$

g_k, g_l: Gewicht des Spurenelements (Ra^{2+}) im Kristall, in der Lösung

P_k, P_l: Gewicht des ersetzbaren Elements (Ba^{2+}) im Kristall, in der Lösung.

Der Einbau von Ra^{2+} erfolgte bei der Reaktion von $RaCl_2$-haltigen $BaCl_2$-Lösungen mit Na_2CrO_4 nach dem Schema

$$(Ba, Ra)Cl_2 + Na_2CrO_4 \rightleftharpoons (Ba, Ra)CrO_4 + 2\ NaCl.$$

Das Nernst'sche Verteilungsgesetz lautet für diesen Fall

$$\text{(III-2)} \qquad \frac{x_k}{x_l} = \frac{\left(\frac{n_k}{M_k}\right)}{\left(\frac{n_l}{M_l}\right)} = C$$

x_k, x_l: Molenbruch von Ra^{2+} im Kristall, in der Lösung

n_k, n_l: Mole Ra^{2+} im Kristall, in der Lösung

M_k: Mole des Ra-Ba-Chromat-Mischkristalls

M_l: Mole der nach der Fällung vorliegenden Lösung.

Drückt man die von HENDERSON und KRACEK angegebene Gleichung III-1 durch Division mit den Molekulargewichten in Molen aus, erhält man

$$(III\text{-}3) \qquad \frac{\left(\frac{n_k}{N_k}\right)}{\left(\frac{n_l}{N_l}\right)} = D$$

n_k und n_l haben dieselbe Bedeutung wie in III-2
N_k: Mole Ba^{2+} im Ra-Ba-Chromat-Mischristall
N_l: Mole Ba^{2+} in der nach der Fällung vorliegenden Lösung.

Dividiert man die beiden Gleichungen, resultiert

$$(III\text{-}4) \qquad \frac{C}{D} = \frac{N_k \; M_l}{M_k \; N_l} = \frac{X_k}{X_l}$$

$X = \frac{N}{M}$: Molenbruch des ersetzten Elements (Ba).

Der Vergleich zeigt, daß die Konstanten C und D nicht identisch sind, weil die Gleichung III-1 keine Konzentrationseinheiten benutzt, die als Molenbrüche formuliert werden können. Man darf also die von HENDERSON und KRACEK angegebene Beziehung nicht, wie man es gelegentlich in der Literatur findet, für die thermodynamische Formulierung einer Fraktionierung benutzen.

Annähernde Gleichheit von C und D erhält man nur in Spezialfällen. Hierbei handelt es sich um Systeme, bei denen im Gegensatz zu Systemen mit einem Lösungsmittel die Molekulargewichte der festen und fluiden Phase nicht sehr voneinander abweichen. In derartigen Fällen ist $X_k \cong X_l$ und $C \cong D$. So gilt z.B. für den Einbau von Ag in Au nach Gleichung II-2-1 die Formulierung

$$(III\text{-}5) \qquad \frac{x_{(Ag),k}}{x_{(Ag),l}} = \frac{\left(\frac{n_{(Ag),k}}{n_{(Ag),k} + N_{(Au),k}}\right)}{\left(\frac{n_{(Ag),l}}{n_{(Ag),l} + N_{(Au),l}}\right)} = C.$$

Bei kleinen Molenbrüchen kann man $n_{(Ag),k}$ und $n_{(Ag),l}$ im jeweiligen Nenner vernachlässigen. Es gilt dann
$N_{(Au)} \cong n_{(Ag)} + N_{(Au)}$ und $x_{(Ag)} \cong n_{(Ag)}/N_{(Au)}$. Man kann also schreiben

$$(III\text{-}6) \qquad \frac{x_{(Ag),k}}{x_{(Ag),l}} = \frac{\left(\frac{n_{(Ag),k}}{N_{(Au),k}}\right)}{\left(\frac{n_{(Ag),l}}{N_{(Au),l}}\right)} = \frac{\left(\frac{g_{(Ag),k}}{g_{(Au),k}}\right)}{\left(\frac{g_{(Ag),l}}{g_{(Au),l}}\right)}$$

g: Gewicht.

Nur in derartigen Fällen sind also die Konstanten C und D mit guter Näherung vergleichbar.

CHLOPIN und Mitarbeiter (1927, 1928, 1929) beschrieben den Einbau von Ra^{2+} in diverse Barium-Salze bei der Kristallisation aus wäßrigen Lösungen nach der Gleichung

$$\text{(III-7)} \qquad \frac{\left(\frac{n_k \rho_k}{G_k}\right)}{\left(\frac{n_l \rho_l}{G_l}\right)} = K$$

n_k, n_l: Mole des Spurenelements im Kristall, in der Lösung
ρ_k, ρ_l: Dichte des Kristalls, der Lösung
G_k, G_l: Gewicht des Kristalls, der Lösung.

Nach Multiplikation mit den Molekulargewichten des Kristalls (MG_k) und der Lösung (MG_l) erhält man aus Gleichung III-7

$$\text{(III-8)} \qquad K = C \, \frac{\rho_k \, MG_l}{\rho_l \, MG_k} \, .$$

Die Konstanten K und C unterscheiden sich durch das Produkt aus den Quotienten der Dichten und Molekulargewichte von Kristall und Lösung. Hat man ein System, in dem die fluide und feste Phase praktisch gleiche Zusammensetzungen haben, wird $MG_l \cong MG_k$. In diesem Fall unterscheiden sich die beiden Konstanten nur durch den Quotienten der Dichten.

DOERNER und HOSKINS (1925) formulierten den in wäßriger Lösung durchgeführten Einbau von Ra^{2+} in $BaSO_4$ nach der Beziehung

$$\text{(III-9)} \qquad \ln \frac{n_l}{n_{l,o}} = \lambda \ln \frac{N_l}{N_{l,o}}$$

$n_{l,o}$, n_l: Mole des Spurenelements (Ra^{2+}) in der Lösung am Anfang, an einem beliebigen Zeitpunkt der Kristallisation
$N_{l,o}$, N_l: Mole des ersetzten Elements (Ba^{2+}) in der Lösung am Anfang, an einem beliebigen Zeitpunkt der Kristallisation.

Verwendet man statt der Mole gewichtsmäßige Mengen, erhält man die Formulierung

$$\text{(III-10)} \qquad \ln \frac{g_l}{g_{l,o}} = \lambda \ln \frac{P_l}{P_{l,o}}$$

$g_{l,o}$, g_l: Gewicht des Spurenelements in der Lösung am Anfang, an einem beliebigen Zeitpunkt der Kristallisation
$P_{l,o}$, P_l: Gewicht des ersetzbaren Elements in der Lösung am Anfang, an einem beliebigen Zeitpunkt der Kristallisation.

Die Beziehung III-10 kann man *formal* in Analogie zu II-4-9 herleiten. Zu diesem Zweck benutzt man die Gleichung von HENDERSON und KRACEK (III-1) mit der vereinfachten Definition: Konzentration der Spurenkomponente in der Lösung = g_l/P_l, Konzentration der Spurenkomponente im Kristall = g_k/P_k (P_k: Gewicht der ersetzbaren Komponente im Kristall). Hiermit und der Gleichung II-4-4 sowie mit der der Gleichung II-4-5 ähnlichen Beziehung $P_k = P_{l,o} - P_l = \Delta P_l$ kann man anstelle der Gleichung II-4-7 (q = 1) schreiben

$\frac{dg_l}{dP_l} = D \frac{g_l}{P_l}$. Die Integration liefert dann III-10. Man sieht, daß die Konstante D identisch ist mit λ. Die Beziehung von DOERNER und HOSKINS beschreibt also die heterogene Kristallisation. Hierbei wird für die Fraktionierung der Spurenkomponente anstelle des Nernst'schen Gesetzes die Gleichung von HENDERSON und KRACEK benutzt.

Aufgabe 13

Für den Einbau von Rb^+ in KCl bei der Kristallisation aus wäßrigen RbCl-KCl-Lösungen gilt bei 40°C die Verteilungskonstante D = 0,099. Die Gleichgewichtslösung hat die Zusammensetzung 97 Mole KCl/1 000 Mole H_2O. Wie groß ist die Verteilungskonstante C? Bei der Berechnung wird der RbCl-Gehalt der Lösung und des Kristalls vernachlässigt.

IV. Die Abhängigkeit des Verteilungsfaktors von den Kristallisationsbedingungen

1. Der Einfluß der Aktivitätskoeffizienten

In den vorangegangenen Abschnitten ist der Verteilungsfaktor als eine konstante Größe angesehen worden. Tatsächlich kann er sich aber in Abhängigkeit von bestimmten Variablen ändern. So muß sich z.B. nach Gleichung II-2-2 der Zahlenwert für C ändern, wenn die Aktivitätskoeffizienten f_k und f_l andere Werte annehmen. Maßgebend ist das Verhältnis f_k/f_l. Die jeweilige Größe der Aktivitätskoeffizienten wird sowohl durch die Konzentration des Spurenelements selbst als auch durch die Konzentration von zusätzlichen Komponenten bestimmt. Der Einfluß des Spurenelementgehalts ist schon im Abschnitt II-2 erörtert worden. Die Abb. IV-1 zeigt den Einfluß von HCl als zusätzliche Komponente auf den Einbau von Ra^{2+} in Kristalle von $BaCl_2 \cdot 2\,H_2O$.

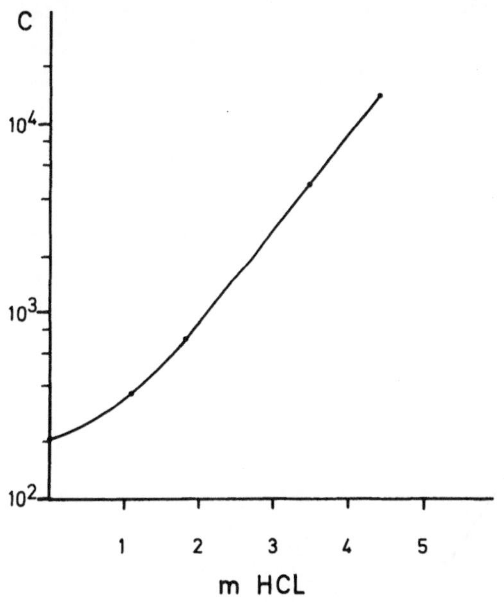

Abb. IV-1. Die Abhängigkeit des Verteilungsfaktors C vom HCl-Gehalt der Lösung beim Einbau von Ra^{2+} in $BaCl_2 \cdot 2\,H_2O$, 0^oC. (Nach Daten von von CHLOPIN, 1925 und POLESSITZKI, 1934)

Ein weiteres Beispiel ist der Einfluß von gelöstem $MgCl_2$ auf den Einbau von Br^- in NaCl. Im reinen System Na^+-Cl^--Br^--H_2O beträgt die Konstante b = 0,16. In Gegenwart von 3 und 11 Gew.% $MgCl_2$ hat sie Werte von b = 0,14 und b = 0,088.

Die praktische Bedeutung der zusätzlichen Komponenten besteht darin, daß man die Fraktionierung von Spurenelementen in gewissen Grenzen willkürlich ändern kann. Man hat hiermit ein Mittel, mit dem die Anreicherung von Nebenbestandteilen unter Umständen effektiver gemacht werden kann. Den Einfluß der zusätzlichen Komponenten muß man im allgemeinen empirisch ermitteln. Voraussagen können gewöhnlich nicht gemacht werden. Die hierfür erforderlichen Aktivitätskoeffizienten lassen sich nur sehr schlecht abschätzen.

2. Der Einfluß der Temperatur und des Drucks

Eine weitere wichtige Variable für die Verteilungskonstante ist die Temperatur. Für die Temperaturabhängigkeit (P,x = konst.) gilt die Van't Hoffsche Gleichung

$$\text{(IV-2-1)} \qquad \ln C = \frac{\Delta H}{R\,T} + K$$

R: Gaskonstante, T: absolute Temperatur, H: Enthalpie, K: Integrationskonstante.

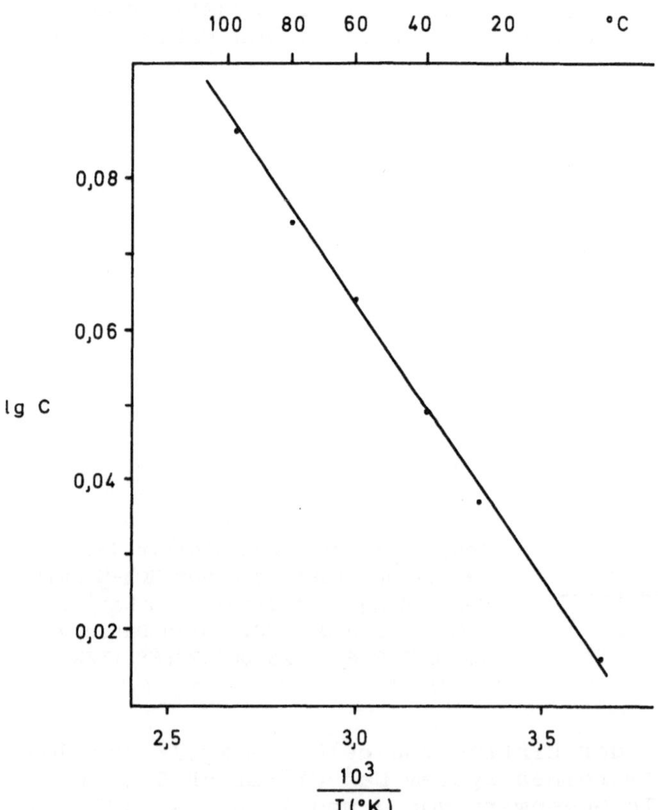

Abb. IV-2. Die Temperaturabhängigkeit des Verteilungsfaktors C für den Einbau von Rb^+ in KCl (Sylvin). Innerhalb des dargestellten Temperaturbereichs gilt
$\lg C = -0{,}0743 \cdot 10^3/T(^\circ K) + 0{,}286$. (Nach Daten von McINTIRE, 1963)

Wenn man innerhalb eines Temperaturintervalls ΔH als konstant ansehen kann, ergibt also die graphische Darstellung von log C als Funktion von 1/T eine Gerade.

Die Abbildungen IV-2 und IV-3 zeigen den Temperaturverlauf des Verteilungsfaktors für den Ersatz von K^+ durch Rb^+ in KCl (Sylvin) sowie für den Einbau von Br^- anstelle von Cl^- in AgCl (Kerargyrit).

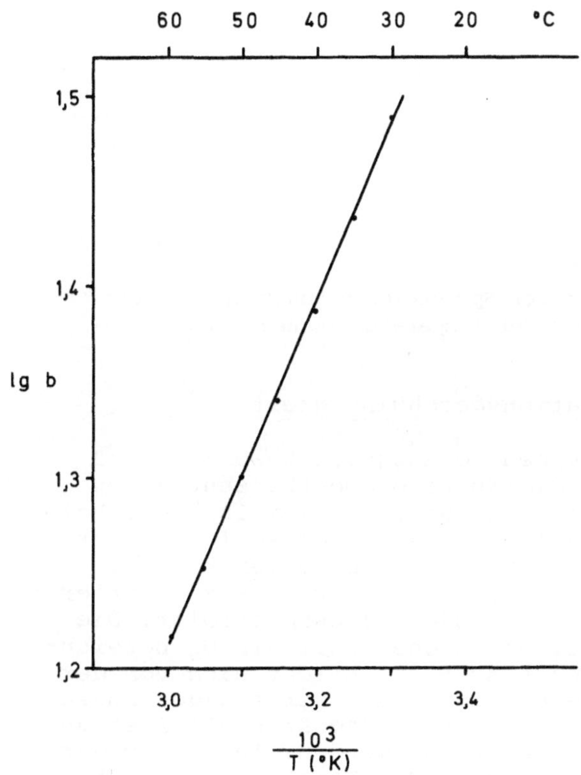

Abb. IV-3. Die Temperaturabhängigkeit des Verteilungsfaktors b für den Einbau von Br^- in AgCl (Kerargyrit). Zwischen 30° und 60°C gilt die Beziehung
$\lg b = 0{,}981 \cdot 10^3/T\ (^\circ K) - 1{,}742$. (Nach Daten von VASLOW und BOYD, 1952)

Setzt man für C das Verhältnis der bei kleinen Spurenelementkonzentrationen benutzbaren Molenbrüche in IV-2-1 ein, erhält man die Abhängigkeit des Spurengehalts im Kristall von derjenigen in der fluiden Phase und von der Temperatur. Diese Beziehung ist in der Abb. IV-4 schematisch dargestellt.

Für die Druckabhängigkeit der Verteilungskonstanten (T,x = konst) gilt

$$\text{(IV-2-2)} \qquad \frac{\delta \ln C}{\delta P} = \frac{\Delta V}{R\,T}$$

P: Druck, V: Molvolumen.

Da die Änderung des Molvolumens bei nicht allzu großem Spurenelementeinbau nur sehr klein ist, findet man praktisch keine Druckabhängigkeit des Verteilungsfaktors.

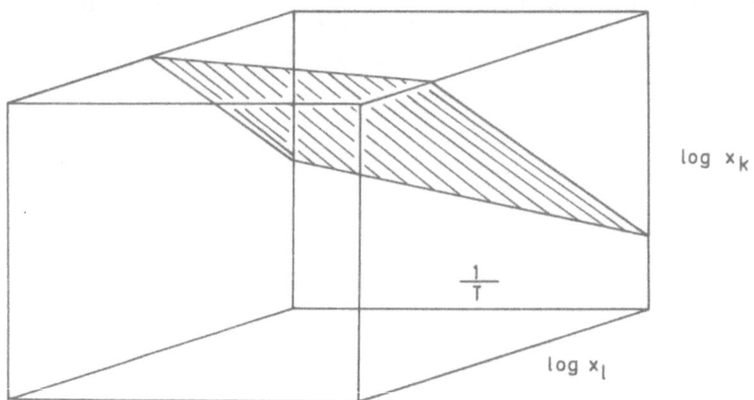

Abb. IV-4. Der Zusammenhang zwischen der Spurenelementkonzentration des Kristalls und der fluiden Phase sowie der Temperatur (schematisch)

3. Der Einfluß der Kristallisationsgeschwindigkeit

Bislang ist bei allen Erörterungen vorausgesetzt worden, daß beim Wachstum eines Kristalls die Spurenelementkonzentration innerhalb der fluiden Phase an allen Stellen dieselbe ist. Beim Wachstum entstehende Konzentrationsunterschiede sollen sofort durch Diffusion oder Konvektion ausgeglichen werden können. Diese Verhältnisse liegen jedoch nicht immer vor. Sie existieren nur dann, wenn das Kristallwachstum sehr langsam erfolgt. Die Verteilungskonstante wird in einem solchen Fall als b_o bezeichnet. Erfolgt das Wachstum dagegen schnell, bildet sich von der Oberfläche des Kristalls ausgehend innerhalb der fluiden Phase eine Grenzschicht. Diese Schicht "haftet" dem Kristall fest an und kann nicht durch Konvektion entfernt werden. Innerhalb der Grenzschicht existiert zwischen der an die Kristalloberfläche grenzenden Seite und der der übrigen fluiden Phase zugewendeten Seite ein Konzentrationsgefälle. Das Konzentrationsgefälle entsteht dadurch, daß bei schnellem Wachstum eine durch die Fraktionierung hervorgerufene Anreicherung oder Verarmung der Spurenkomponente nicht schnell genug durch Abtransport oder durch Zufuhr ausgeglichen werden kann. Die Größe des Gefälles wird durch die Geschwindigkeit des Wachstums bestimmt. Je größer diese Geschwindigkeit ist, desto größer ist auch das Gefälle. Bei schnellem Wachstum existieren in der fluiden Phase also zwei Bereiche mit unterschiedlichen Konzentrationen: die dem Kristall "fest anhaftende" Grenzschicht und die übrige fluide Phase, in der sich Konzentrationsunterschiede durch Konvektion ausgleichen können. Von diesen Bereichen ist nun lediglich die die Kristalloberfläche berührende Grenzschicht für den Spurenelementeinbau maßgebend. Die Spurenelementkonzentration des Kristalls wird also von der Konzentration der Spurenkomponente in der Grenzschicht bestimmt, und da diese mit der Wachstumsgeschwindigkeit variiert, ist die Spurenelementkonzentration des Kristalls von der Geschwindigkeit der Kristallisation abhängig. Um die Verhältnisse bei schnellem Wachstum zu charakterisieren, müßte man nun in Analogie zu b_o die für eine bestimmte Geschwindigkeit geltende, auf die Konzentration der Grenzschicht bezogene Verteilungskonstante definieren. Das ist aber nicht möglich, da man die Spurenelementkonzentration in der Grenzschicht nicht messen kann. Aus diesem Grund definiert man eine sogenannte effektive Verteilungskonstante $b_{effektiv}$, die man aus der Spurenkonzentration des Kristalls und der der Messung zugänglichen, außerhalb der Grenzschicht vorhandenen fluiden Phase erhält. Der Zusammenhang zwischen diesem Verteilungsfaktor und der Wachstumsgeschwindigkeit wird nach einer von BURTON, PRIM und SLICHTER (1953) ermittelten Beziehung beschrieben. Es ist

$$(IV\text{-}3\text{-}1) \qquad b_{effektiv} = \frac{b_o}{b_o + (1 - b_o)\, e^{-f\frac{\delta}{D}}}.$$

Hierin ist b_o die Verteilungskonstante bei sehr langsamem Wachstum, f ist die Wachstumsgeschwindigkeit, δ ist die Dicke der Grenzschicht und D ist der Diffusionskoeffizient des Spurenelements in der fluiden Phase.

V. Fraktionierungsprozesse im Labor und in der Technik

1. Das Prinzip der fraktionierten Kristallisation

Ein häufiges Problem der chemischen Praxis besteht darin, kristalline Substanzen mit einem bestimmten Reinheitsgrad herzustellen oder durch Kristallisation Komponenten anzureichern, die in natürlichen Rohstoffen nur in äußerst kleinen Konzentrationen vorkommen. Das Arbeitsprinzip bei derartigen Prozessen soll an einem einfachen Beispiel besprochen werden. Es wird angenommen, daß ein Kristallisat vorliegt, in dem ein Atom durch ein anderes ersetzt wird. Die Anreicherung bzw. Verarmung der Spurenkomponente soll durch Schmelzen und Wiederauskristallisieren vorgenommen werden. Hierbei wird zur Vereinfachung angenommen, daß das Kristallisat einfach zu schmelzen ist und die Schmelze auf einfache Art quantitativ von der festen Phase getrennt werden kann. Bei der Kristallisation soll q = 1 sein. Es soll sich also nur eine einzige Kristallart bilden. Die Verteilungskonstante soll den Wert b = 1/2 haben. Bei der Kristallisation findet also in der fluiden Phase eine Anreicherung der Spurenkomponente statt. Die feste Phase erfährt eine Verarmung. Bei der Erörterung müssen zwei Fälle der Kristallisation behandelt werden: die Bildung von heterogenen Kristallen und die Kristallbildung mit gleichzeitiger Umkristallisation. Zuerst werden die Verhältnisse bei der Entstehung eines heterogenen Kristallisats betrachtet.

Es ist zweckmäßig, wenn man sich bei der Erörterung nicht auf Absolutwerte sondern auf relative Werte bezieht. Die Gleichung für die Konzentrationsänderung des Spurenelements in der fluiden Phase nimmt in diesem Fall die Form an

$$\text{(V-1-1)} \quad \frac{c_1}{c_{1,o}} = \left(\frac{G_1}{G_{1,o}}\right)^{(b-1)} .$$

Betrachtet man nicht die Konzentration sondern die Masse des Spurenelements, erhält man aus V-1-1 wegen g = c G nach Multiplikation beider Seiten mit $G_1/G_{1,o}$

$$\text{(V-1-2)} \quad a_1 = \frac{g_1}{g_{1,o}} = \left(\frac{G_1}{G_{1,o}}\right)^{b} .$$

Der Quotient $a_1 = g_1/g_{1,o}$ ist ein Maß für die an einem bestimmten Zeitpunkt der Kristallisation vorliegende Menge des Spurenelements in der fluiden Phase. Er wird als Ausbeutefaktor bezeichnet. Der Ausbeutefaktor der kristallinen Phase ist

$$(V\text{-}1\text{-}3) \quad a_k = \frac{g_k}{g_{l,o}} = \frac{\bar{c}_k\ G_k}{c_{l,o}\ G_{l,o}} = 1 - \left(\frac{G_l}{G_{l,o}}\right)^b = 1 - a_l .$$

In der Abb. V-1 sind die Gleichungen V-1-1 und V-1-2 für b = 1/2 dargestellt. Man entnimmt der Darstellung, daß die relative Konzentration $c_l/c_{l,o}$ des Spurenelements in der fluiden Phase mit fortlaufender Kristallisation zunimmt während die Ausbeute der Nebenkomponente in der fluiden Phase ständig kleiner wird. Kristallisiert man also nur einen kleinen Teil der Schmelze, erhält man eine große Ausbeute. Die Konzentration in der fluiden Phase ist dann aber gering. Wenn man einen großen Teil der Schmelze auskristallisiert, erhält man eine hohe Konzentration des Spurenelements. Die Ausbeute ist aber klein. Optimale Bedingungen hat man also dann erreicht, wenn bei möglichst großer Ausbeute eine möglichst große Konzentration vorliegt. Hierbei sollte der Arbeitsaufwand möglichst klein sein.

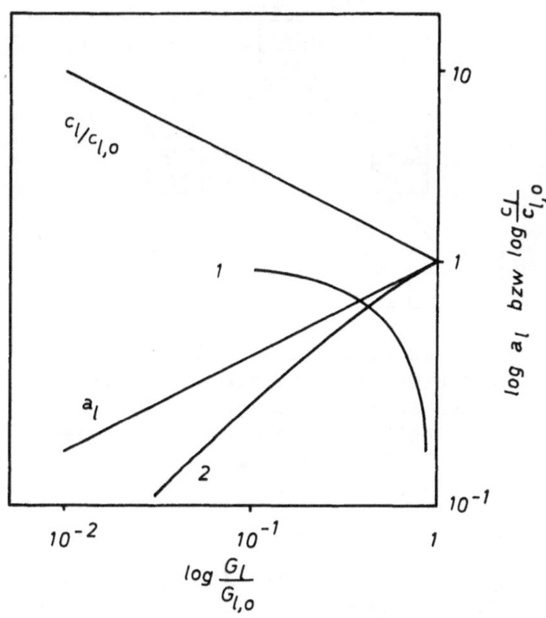

Abb. V-1. Der Verlauf der relativen Konzentration und der Ausbeute der Spurenkomponente in der fluiden Phase während der Kristallisation. Die mit a_l und $c_l/c_{l,o}$ bezeichneten Kurven gelten für die Bildung von heterogenen Kristallen. Die Kurve *2* zeigt den Verlauf der Ausbeute a_l bei gleichzeitiger Abscheidung und Rekristallisation. Die Kurve *1* stellt die Lösung $a_l = -G_l/G_{l,o} + 1$ (Gleichung V-2-4) der Gleichung V-2-1 dar

Diesen Forderungen kann man dadurch nachkommen, daß man die Kristallisation nach einer bestimmten Zeit unterbricht und die Schmelze vom Kristallisat trennt. Die Restschmelze läßt man dann weiter kristallisieren und trennt wieder usw. Das jeweils erhaltene Kristallisat wird aufgeschmolzen. Diese Schmelzen läßt man ebenfalls teilweise kristallisieren und trennt daraus die Festkörper ab. In der Abb. V-2 ist ein derartiger Trennungsgang schematisch dargestellt. Die aufgeschmolzene Ausgangssubstanz ist mit l_o bezeichnet. Sowohl die Menge dieser Schmelze als auch die Menge der darin enthaltenen Spurenkomponente ist 1 oder 100% gleichgesetzt worden. Es soll nun angenommen werden, daß die Schmelze l_o zu 60% in die Schmelze l_1 und zu 40% in das Kristallisat k_1 überführt wird. Der Kristallisationsschritt ist also $G_l/G_{l,o} = 0,6$. Aus der Abb. V-1 oder aus der Gleichung V-1-2 erhält man für diesen Schritt in der fluiden Phase eine Ausbeute $a_l = \sqrt{0,6} = 0,775$. Im Kristallisat ist die Ausbeute $1 - a_l = 0,225$. Die Schmelze l_1 enthält also den 0,775-fachen Anteil oder 77,5% der ursprünglichen Menge der Spurenkomponente. Das Kristallisat k_1 enthält den 0,225-fachen Anteil oder 22,5%. Die Schmelze l_1 wird wieder zu 40% kristallisiert. Es entsteht die Schmelze l_2 und das Kristallisat k_2. Die Schmelze l_2 enthält das 0,775-fache der Spurenkomponente von l_1 oder das $0,775 \cdot 0,775 = 0,601$-fache der Spurenkomponente von l_o. Das aus l_1 entstandene Kristallisat k_2 enthält die 0,225-fache Menge der Spurenkomponente von l_1

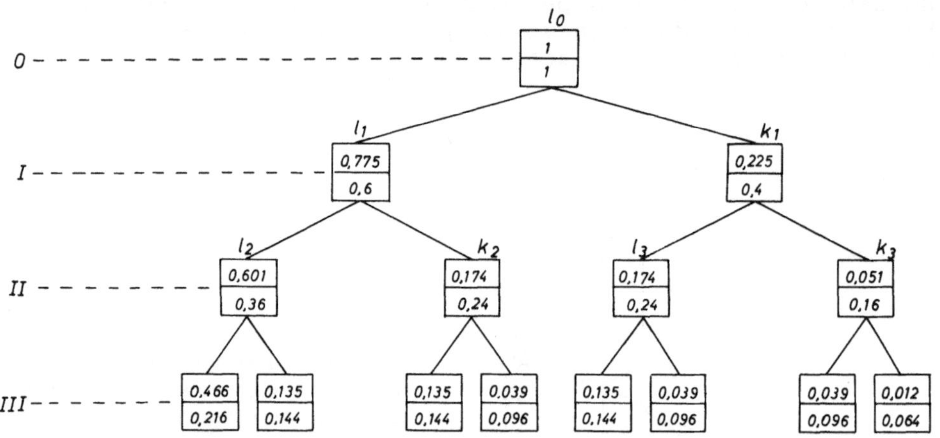

Abb. V-2. Der Trennungsgang einer fraktionierten Kristallisation. l: fluide Phase, k: Kristallisat. In der Zeile 0 ist die Gesamtmenge der Ausgangssubstanz sowie die Menge der darin enthaltenen Spurenkomponente 1 (100%) gleichgesetzt worden. In der oberen Hälfte eines Kastens steht entweder der Zahlenwert für a_l oder a_k. Der Zahlenwert für $G_l/G_{l,o}$ oder $G_k/G_{l,o} = 1 - G_l/G_{l,o}$ steht in der unteren Hälfte des Kastens. Es sind $a_l = 0,775$, $a_k = 0,225$, $G_l/G_{l,o} = 0,6$, $G_k/G_{l,o} = 0,4$

oder das $0,225 \cdot 0,775$-fache von l_o. Die Menge des Kristallisats ist das 0,4-fache von l_1 oder das $0,4 \cdot 0,6$-fache von l_o. Das bei der ersten Trennung erhaltene Kristallisat k_1 wird wieder aufgeschmolzen. Hieraus erhält man die Schmelze l_3 mit dem 0,174-fachen und das Kristallisat k_3 mit dem 0,051-fachen Anteil der ursprünglichen Spurenkomponente. Bei jedem Kristallisationsschritt beträgt also die Ausbeute in der fluiden Phase das 0,775-fache und die Ausbeute in der festen Phase das 0,225-fache der vorangegangenen Fraktion. Die Menge der fluiden und festen Phase ist immer das 0,6-fache bzw. das 0,4-fache des vorherigen Trennungsprodukts. Führt man die Kristallisation in der angegebenen Weise fort, liegen in der Zeile III des Schemas nach insgesamt 7 Trennungen 8 Fraktionen vor. Hiervon haben 2 × 3 Fraktionen dieselbe Zusammensetzung. Würde man in der Zeile II aufhören, hätte man nach drei Trennungen vier Fraktionen, von denen zwei gleich zusammengesetzt sind.

2. Optimierung des Verfahrens

Die Fraktionen gleicher Zusammensetzung kann man vor ihrer weiteren Trennung vereinigen. Der Trennungsgang vereinfacht sich hierdurch. Das aus der Zusammenfassung resultierende Schema ist in der Abb. V-3 dargestellt. Hieraus geht hervor, daß sich die Anzahl der Fraktionen nach dem binomischen Lehrsatz vergrößert.

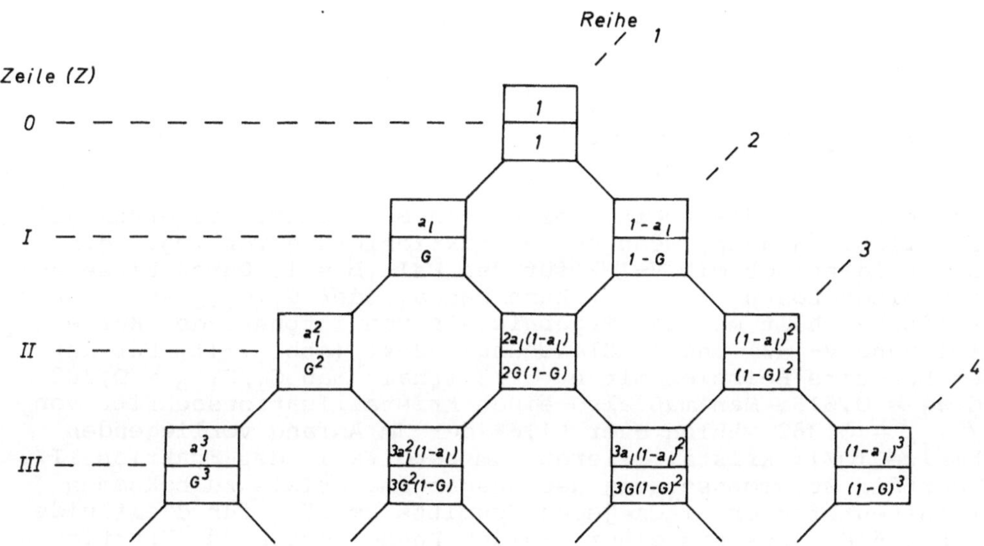

Abb. V-3. Binominalschema der fraktionierten Kristallisation. Es bedeutet $G = G_1/G_{1,o}$

Die Fraktionen des Binominalschemas haben im allgemeinen unterschiedliche Zusammensetzungen (Konzentrationen). In speziellen Fällen kann aber die Zusammensetzung einer Fraktion mit der des Ausgangsmaterials (Zeile O, Reihe 1) identisch werden. Diese Fälle sind von großer Bedeutung, weil man nach einer definierten Anzahl von Schritten einer bestimmten Fraktion neues Ausgangsmaterial zuführen kann und so einen einfacheren Arbeitsgang erhält. Die erste Fraktion, die die gleiche Zusammensetzung wie das Ausgangsmaterial haben kann, ist II/2 (Abb. V-3).

In diesem Fall ist also in II/2 der Quotient aus den Mengen der Spurenkomponente und der gesamten Substanz gleich dem der Ausgangssubstanz O/1. Da in O/1 der Quotient 1 gleichgesetzt wurde, gilt für II/2 die Beziehung

(V-2-1) $$a_1(1 - a_1) = \frac{G_1}{G_{1,o}} \left(1 - \frac{G_1}{G_{1,o}}\right)$$

oder

(V-2-2) $$a_1 - a_1^2 = \frac{G_1}{G_{1,o}} - \left(\frac{G_1}{G_{1,o}}\right)^2 .$$

Wenn die Bedingungen für die Gleichung V-2-2 erfüllt sind, haben auch alle in der Abb. V-3 senkrecht übereinander stehenden Fraktionen die gleiche Konzentration. Es sind also identisch O/1 mit II/2 und IV/3, I/1 mit III/2 und V/3, I/2 mit III/3 und V/4, II/1 mit IV/2 usw.

Die Gleichung V-2-2 hat die Lösungen

$$(V\text{-}2\text{-}3) \qquad a_l = \frac{G_l}{G_{l,o}}$$

und

$$(V\text{-}2\text{-}4) \qquad a_l = 1 - \frac{G_l}{G_{l,o}} .$$

Hiervon ist nur die zweite Lösung von Bedeutung. Die erste gilt ausschließlich dann, wenn keine Fraktionierung vorliegt, d.h. sie ist identisch mit V-1-2 für den Fall b = 1. Durch Einsetzen der zweiten Lösung in V-1-2 kann man a_l oder $G_l/G_{l,o}$ ausrechnen. Graphisch erhält man das Ergebnis als Schnittpunkt der Kurven a_l (Gleichung V-1-2) und 1 (Gleichung V-2-4) (Abb. V-1). Für das hier benutzte Beispiel mit b = 1/2 erhält man $G_l/G_{l,o} = 0{,}382$ und $a_l = 0{,}618$. Man muß also einen Kristallisationsschritt von $G_l/G_{l,o} = 0{,}382$ wählen oder 61,8% der am Anfang vorliegenden Schmelze (O/1) kristallisieren, um bereits in der Fraktion II/2 wieder die Zusammensetzung des Ausgangsmaterials zu bekommen. Der Ausbeutefaktor eines jeden Schritts beträgt für die fluide Phase 0,618. Jede aus einer fluiden Phase bestehende Fraktion enthält also 61,8% der Menge der Spurenkomponente im vorangegangenen Trennprodukt.

Soll die Zusammensetzung des Ausgangsmaterials erst in späteren Fraktionen erreicht werden, verfährt man analog. Wenn also die ursprüngliche Zusammensetzung in der Fraktion III/2 oder III/3 gewünscht wird, löst man die Gleichung

$$(V\text{-}2\text{-}5) \qquad a_l^2(1 - a_l) = \left(\frac{G_l}{G_{l,o}}\right)^2 \left(1 - \frac{G_l}{G_{l,o}}\right)$$

oder

$$(V\text{-}2\text{-}6) \qquad a_l(1 - a_l)^2 = \left(\frac{G_l}{G_{l,o}}\right) \left(1 - \frac{G_l}{G_{l,o}}\right)^2 .$$

Hieraus und aus V-1-2 ermittelt man dann den Kristallisationsschritt $G_l/G_{l,o}$. Im vorliegenden Beispiel mit b = 1/2 wurde für den Fall III/2 graphisch ermittelt: $a_l = 0{,}75$ und $G_l/G_{l,o} = 0{,}57$. Für die Identität der Ausgangszusammensetzung mit der Fraktion III/3 ist $a_l = 0{,}47$ und $G_l/G_{l,o} = 0{,}22$.

Diese Zahlen gelten nur für die Bildung von heterogenen Kristallen. Liegt dagegen der Fall gleichzeitiger Kristallisation und Umkristallisation vor, erhält man andere Werte, weil die auf der Beziehung II-4-12 beruhende Gleichung V-1-2 nicht mehr benutzt werden darf. Man muß stattdessen von II-8-3 ausgehen. Hiermit erhält man für die Ausbeute in der fluiden Phase die Beziehung

$$\text{(V-2-7)} \qquad a_l = \frac{g_l}{g_{l,o}} = \frac{1}{1 + qb\left(\dfrac{G_{l,o}}{G_l} - 1\right)} \, .$$

Diese Beziehung ist ebenfalls in der Abb. V-1 für den Fall $q = 1$ und $b = 0{,}5$ dargestellt. Am Schnittpunkt mit der Kurve 1 ist $G_l/G_{l,o} = 0{,}414$ und $a_l = 0{,}586$. Wenn man also bereits in der Fraktion II/2 wieder die Zusammensetzung des Ausgangsmaterials haben will, muß man einen Kristallisationsschritt von 0,414 wählen oder 58,6% der am Anfang vorliegenden Schmelze kristallisieren. Der Vergleich mit dem Ergebnis bei der Bildung von heterogen aufgebauten Kristallen zeigt, daß die Ausbeute infolge der Rekristallisation um den Faktor 0,586/0,618 = 0,948 kleiner ist.

Die einzelnen Trennverfahren, die sich auf der Wiederholung der Ausgangszusammensetzung aufbauen, sind untereinander nicht gleichwertig. Um die Unterschiede zu verdeutlichen, sollen die Wiederholungen der Anfangszusammensetzungen in den Fraktionen II/1 und III/2 sowie III/3 für das Beispiel $b = 1/2$ und $q = 1$ im Fall der Bildung von heterogenen Kristallen miteinander verglichen werden. Hierbei wird angenommen, daß das vorliegende System mit einer möglichst großen Ausbeute in zwei Endprodukte mit einer mehr als fünf-fachen Anreicherung und einer weniger als 0,2-fachen Verarmung der Spurenkomponente gegenüber der Ausgangszusammensetzung getrennt werden soll. Die Abb. V-4 zeigt die Verhältnisse für die 1. Wiederholung der Ausgangszusammensetzung in der Fraktion II/2. Alle senkrecht übereinander stehenden Fraktionen haben die gleiche Konzentration der Spurenkomponente. Man erhält die relativen Werte der Konzentrationen indem man die in den Kästen stehenden Zahlen durch einander dividiert. Mögliche Endprodukte sind die in einer Zeile ganz außen liegenden Fraktionen. Die relative Konzentration einer ganz außen stehenden fluiden Phase erhält man nach

$$\text{(V-2-8)} \qquad \frac{c_l}{c_{l,o}} = \left(\frac{a_l}{\dfrac{G_l}{G_{l,o}}}\right)^z .$$

Der Exponent z ist die Zeile des Binominalschemas. $c_{l,o}$ ist die Ausgangskonzentration (Fraktion O/1). In der entsprechenden festen Phase hat die Spurenkomponente die relative Konzentration

$$\text{(V-2-9)} \qquad \frac{\bar{c}_k}{c_{l,o}} = \left(\frac{1 - a_l}{1 - \dfrac{G_l}{G_{l,o}}}\right)^z .$$

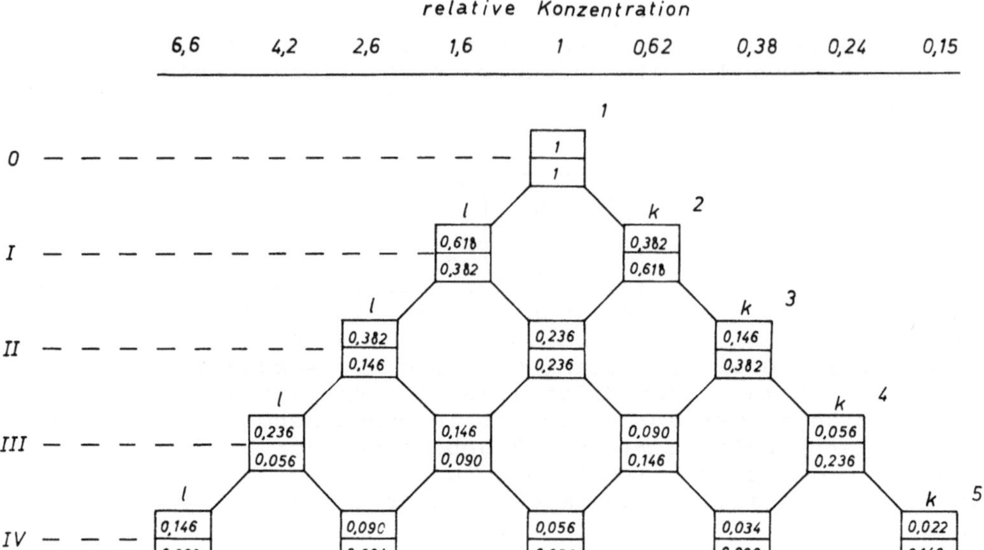

Abb. V-4. Binominalschema der fraktionierten Kristallisation für die erste Wiederholung der Ausgangszusammensetzung in der Fraktion II/2. Alle senkrecht übereinander stehenden Fraktionen haben die gleiche Konzentration. Für q = 1 und b = 0,5 ist a_1 = 0,618 und $G_1/G_{1,o}$ = 0,382. Die jeweils links außen oder rechts außen liegenden Fraktionen kommen als Endprodukte in Frage. Mit *l* bezeichnete Fraktionen werden als fluide Phase erhalten, die mit *k* bezeichneten als feste Phase. Um 2 Endprodukte mit einer mindestens 5-fachen Anreicherung und 0,2-fachen Verarmung zu erhalten, muß man bis zur Zeile *IV* fraktionieren

Es ist zu beachten, daß in V-2-9 für z = 0 $c_{l,o} = \bar{c}_k$ wird, weil das Ausgangsmaterial (O/1) im festen wie im fluiden Zustand die gleiche Konzentration besitzt. Um die gestellten Forderungen zu erfüllen, muß man bis zur Zeile IV fraktionieren. Die Fraktionen IV/1 und IV/5 mit den Relativkonzentrationen von 6,6 und 0,15 werden als Endprodukte abgetrennt. Die Fraktionen IV/2, IV/3 und IV/4 erhält man als Nebenprodukte.

Aus den Abb. V-5 und V-6 geht hervor, daß die Fraktionen mit gleicher Spurenkonzentration nicht mehr senkrecht übereinander stehen. Man findet diese Konzentrationen auf den Parallelen zur Verbindungslinie zwischen dem Ausgangsmaterial und der Fraktion, in der die Ausgangszusammensetzung zum 1. Mal wiederholt wird. Um die Forderungen für die Endprodukte zu erfüllen, muß man in der Abb. V-5 (1. Wiederholung in der Fraktion III/2) bis zur Zeile VI fraktionieren. Hierbei werden III/4, V/5 und VI/5 sowie VI/1 als Endprodukte abgetrennt. Nebenprodukte sind die Frak-

Abb. V-6. Binominalschema der fraktionierten Kristallisation für die erste Wiederholung der Ausgangszusammensetzung in der Fraktion III/3. Es ist a_1 = 0,47 und $G_1/G_{1,o}$ = 0,22. Die Fraktionen III/1, V/2 und V/6 werden als Endprodukte mit einer mindestens 5-fachen Anreicherung und 0,2-fachen Verarmung des Spurenelements abgetrennt ▶

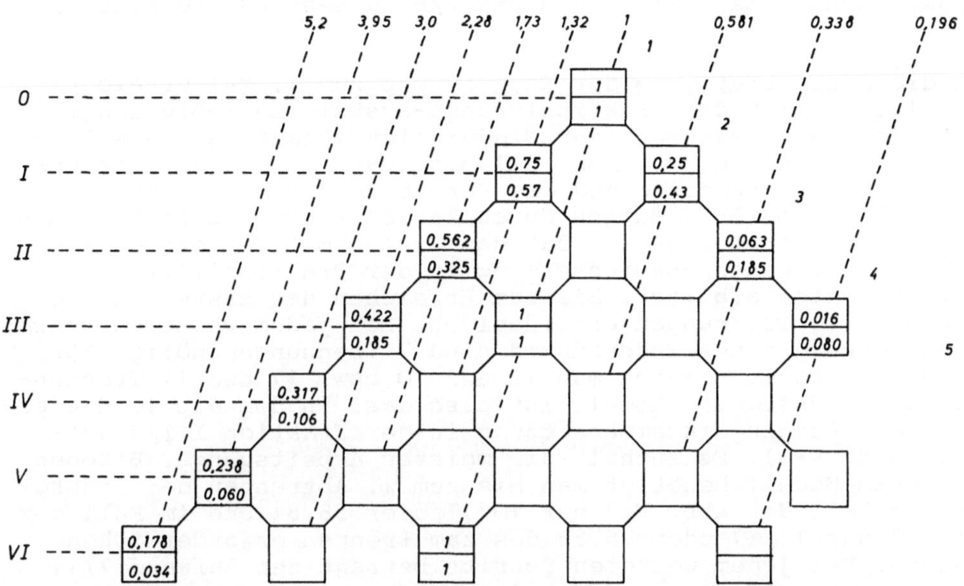

Abb. V-5. Binominalschema der fraktionierten Kristallisation für die erste Wiederholung der Ausgangszusammensetzung in der Fraktion III/2. Es ist a_1 = 0,75 und $G_1/G_{1,o}$ = 0,57. Die Fraktionen VI/1, III/4, V/5 und VI/5 genügen den Anforderungen für eine mindestens 5-fache Anreicherung und 0,2-fache Verarmung der Spurenkomponente

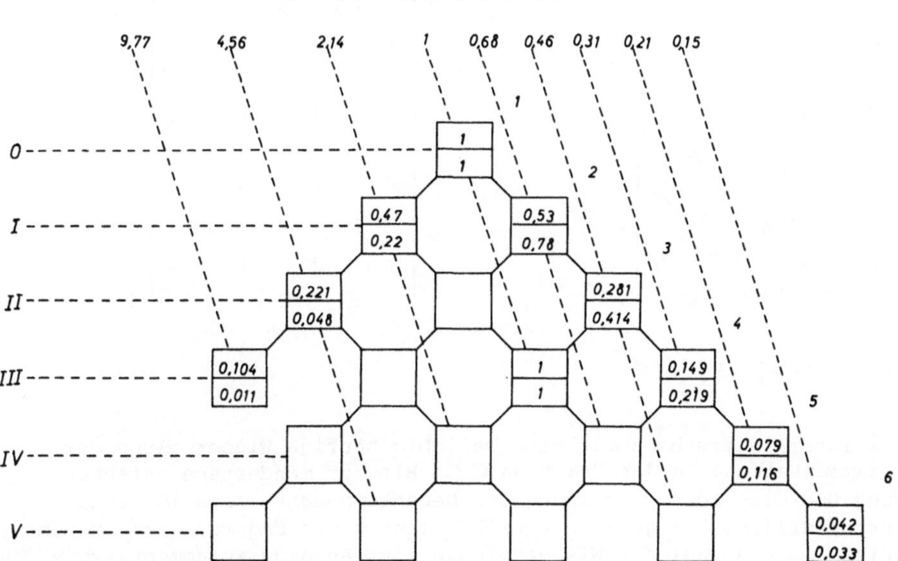

Abb. V-6

tionen VI/2, VI/3 und VI/4. Bei der 1. Wiederholung in der Fraktion III/3 (Abb. V-6) muß man bis zur Zeile V trennen. Als Endprodukte erhält man III/1, V/2 und V/6. Nebenprodukte sind V/3, V/4 und V/5.

Wenn die Konzentrationen der Endprodukte zum 1. Mal erreicht sind, lassen sich die Fraktionierungs-Systeme beliebig lange fortsetzen indem man zu jeder Wiederholungsfraktion neues Ausgangsmaterial hinzufügt (Abb. V-7 bis V-9). Die Anzahl der erforderlichen Trenngefäße und die Variation der Fraktionen in ihnen ist in den Abbildungen durch Zahlengruppen angegeben. Man entnimmt den Darstellungen, daß das System mit der ersten Wiederholung der Ausgangszusammensetzung in der Fraktion II/2 (Abb. V-7) am effektivsten arbeitet. Bis zum Erreichen der ersten Endprodukte sind 10 Trennungen erforderlich. Bei jedem weiteren Schritt zur Abtrennung eines Endprodukts sind 7 Trennungen nötig. Für die anderen Fälle braucht man 13 und 10 bzw. 17 und 11 Trennungen. Das ungünstigste Modell ist also das, in dem die 1. Wiederholung der Ausgangszusammensetzung in der Fraktion III/2 auftritt (Abb. V-8). Es enthält die meisten Arbeitsgänge. Bezogen auf dieses Modell benötigt man bis zum 1. Abtrennen der Endprodukte im Fall der Abb. V-7 nur 10/17 oder 58,8% und im Fall der Abb. V-9 nur 13/17 oder 76,5% des zum Trennen erforderlichen Aufwands. Bei jedem weiteren Schritt beträgt der Aufwand 7/11

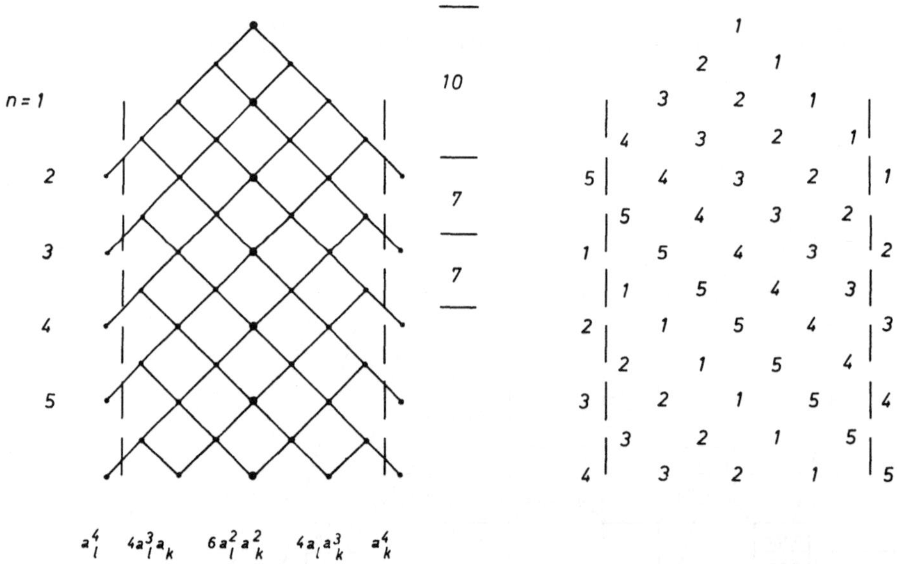

Abb. V-7. Kristallisierschema für eine beliebig häufige Wiederholung der Ausgangszusammensetzung in der Fraktion II/1. Bis zur mindestens 5-fachen Anreicherung und 0,2-fachen Verarmung der Nebenkomponente sind 10 Trennschritte erforderlich. Für jede weitere Abtrennung von Endprodukten braucht man 7 Schritte, n = Anzahl der Wiederholungen der Ausgangszusammensetzung. Zahlengruppen: Variation der Fraktionen in den Trenngefäßen

oder 63,6% (Abb. V-7) und 10/11 oder 91% (Abb. V-9) des ungünstigsten Falls (Abb. V-8).

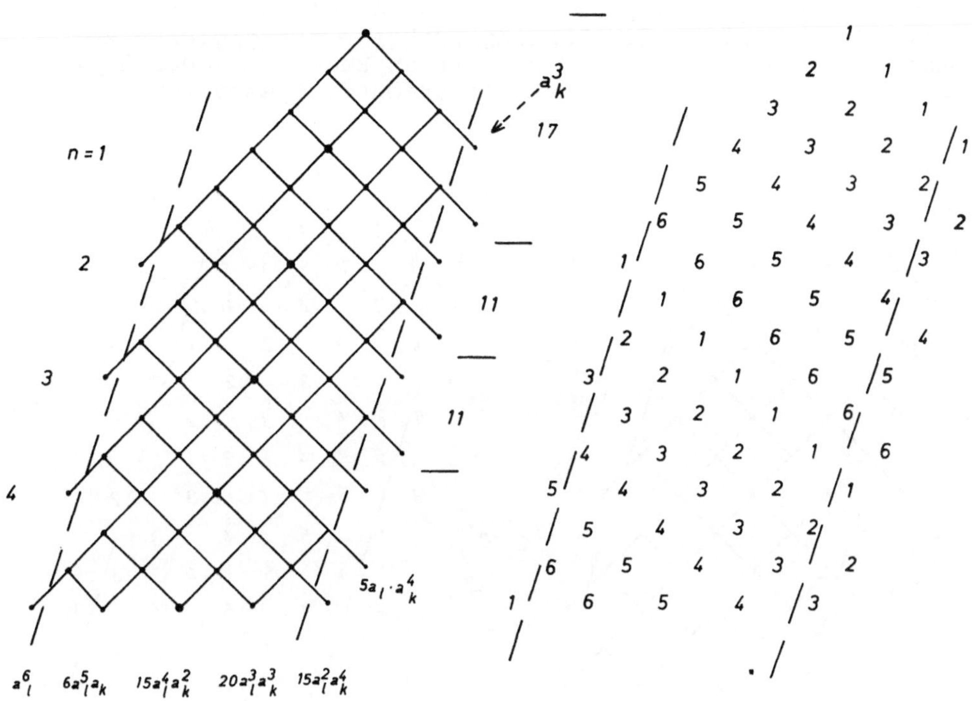

Abb. V-8. Kristallisierschema für eine beliebig häufige Wiederholung der Ausgangszusammensetzung in der Fraktion III/2. Bis zur ersten Abtrennung der Endprodukte sind 17 Schritte erforderlich. Jede weitere Isolierung von Endprodukten erfordert 11 Schritte, n = Anzahl der Wiederholungen der Ausgangszusammensetzung. Zahlengruppen: Variation der Fraktionen in den Trenngefäßen

Die 3 Modelle unterscheiden sich nicht nur durch die Ausbeute eines einzelnen Trennungsschritts, sondern auch durch die maximal erreichbare Ausbeute des gesamten, aus mehreren Schritten bestehenden Systems. Zur Veranschaulichung wird die Abb. V-7 betrachtet. In diesem System sind vorhanden nach n = 5 Wiederholungen je 5 Fraktionen mit der Ausbeute a_l^4 und a_k^4 sowie je eine Fraktion mit den Ausbeuten $4\,a_l^3\,a_k$, $6\,a_l^2\,a_k^2$ und $4\,a_l\,a_k^3$. Die Ausbeute der Spurenkomponente in dem als fluide Phase erhaltenen Endprodukt an der gesamten Ausbeute ist also nach n Zugaben der Ausgangssubstanz

$$\text{(V-2-10)} \qquad A_l = \frac{n\,a_l^4}{n\,(a_l^4 + a_k^4) + 4\,a_l^3\,a_k + 6\,a_l^2\,a_k^2 + 4\,a_l\,a_k^3} .$$

Für die Ausbeute des Spurenelements im festen Endprodukt resultiert

$$(\text{V-2-11})\qquad A_k = \frac{n\,a_k^4}{n\,(a_l^4 + a_k^4) + 4\,a_l^3\,a_k + 6\,a_l^2\,a_k^2 + 4\,a_l\,a_k^3}\,.$$

In beiden Gleichungen hat das 2., 3. und 4. Glied im Nenner nach jeder Wiederholung der Ausgangsfraktion den gleichen Wert. Die Summe aus diesen Gliedern verliert an Bedeutung gegenüber dem 1. Glied je länger die Kristallisation fortgesetzt wird,

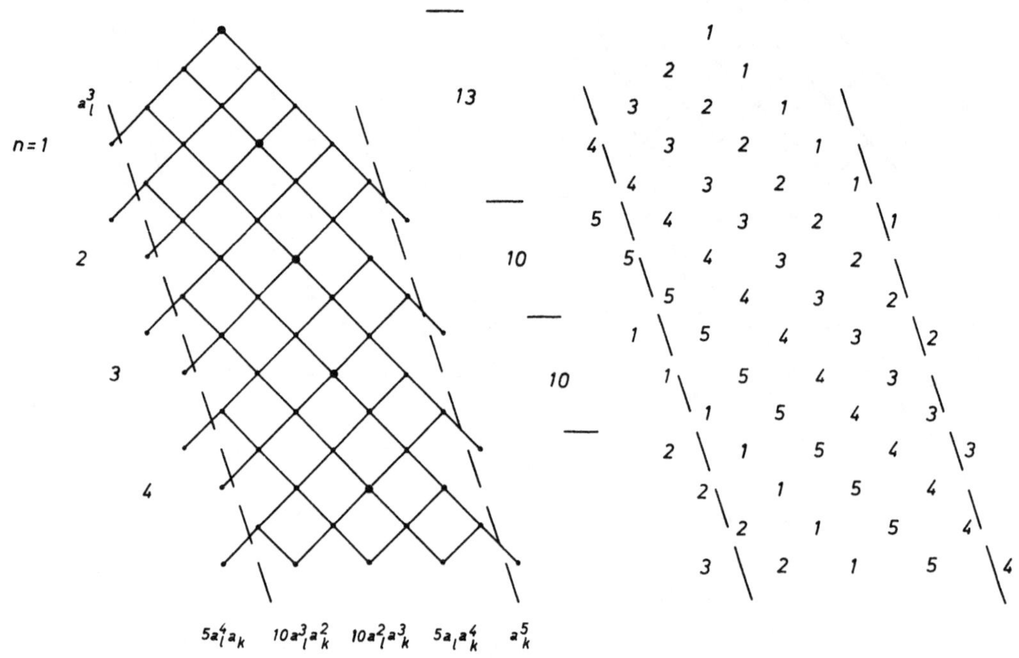

Abb. V-9. Kristallisierschema für eine beliebig häufige Wiederholung der Ausgangszusammensetzung in der Fraktion III/3. Bis zur ersten Isolierung der Endprodukte sind 13 Schritte nötig. Für jede weitere Abtrennung von Endprodukten braucht man 10 Schritte, n = Anzahl der Wiederholungen. Zahlengruppen: Variation der Fraktionen in den Trenngefäßen

d.h. je größer n wird. Schließlich dominiert dieses Glied so sehr, daß man die Summe aus den Gliedern 2, 3 und 4 demgegenüber vernachlässigen kann. Die Ausbeute im fluiden und festen Endprodukt nähert sich zwei Werten, die gegeben sind durch

$$(\text{V-2-12})\qquad A_l = \frac{a_l^4}{a_l^4 + a_k^4}$$

und

$$(\text{V-2-13})\qquad A_k = \frac{a_k^4}{a_l^4 + a_k^4}\,.$$

Im vorliegenden Beispiel resultiert A_l = 0,873 und A_k = 0,127. Für den Fall III/2 (Abb. V-8) erhält man in entsprechender Weise die Grenzwerte A_l = 0,776 und A_k = 0,224. Im Fall III/3 (Abb. V-9) resultiert analog A_l = 0,848 und A_k = 0,152. Das System mit der Wiederholung der Ausgangssubstanz in der Fraktion II/2 hat also den größten Trenneffekt.

Die fraktionierte Kristallisation ist bislang für die Fälle erörtert worden, in denen eine beliebig große Menge eines Rohstoffs kontinuierlich verarbeitet wird. Es kann aber auch der Fall vorliegen, daß die Spurenkomponente eines nur in begrenzter Menge vorhandenen Rohstoffs möglichst effektiv getrennt werden soll. Auch in diesem Fall sind die Modelle für die Zugabe von Ausgangsmaterial verwendbar. Um einen bestimmten Trenneffekt zu erreichen, braucht man bei gegebenen A_l und A_k lediglich nach den Gleichungen V-2-10 und V-2-11 die Anzahl n der erforderlichen Zugaben zu berechnen. Hieraus ermittelt man dann die Menge der Ausgangssubstanz, die bei jedem Schritt wieder zugefügt werden muß. Im Gegensatz zu einem kontinuierlichen Prozeß mit einer unbegrenzten Zugabe von Ausgangsmaterial ist die Anzahl der Schritte aber aus praktischen Gründen begrenzt, da sich kleine Mengen nur schlecht handhaben lassen.

Aufgabe 14

Als Rohstoff vorhandenes NaCl hat einen Bromidgehalt von 200 ppm. Es sollen durch Auflösen und Wiederauskristallisieren bei 80°C als Endprodukte festes NaCl mit < 15 ppm Br^- und eine Lösung mit > 3 000 ppm Br^- hergestellt werden. Bei dem Verfahren wird die Ausgangszusammensetzung in der Fraktion II/2 des Binominalschemas wiederholt. Wie groß sind der Trennschritt $G_l/G_{l,o}$ und die Ausbeuten a_l und a_k? Welche Br^--Konzentrationen haben das feste und das fluide Endprodukt? Wie groß sind die Ausbeuten A_l und A_k des ganzen Systems beim 1. Abtrennen der Endprodukte und bei unendlicher Fortsetzung des Verfahrens? Welcher Prozentsatz der Salzmenge des Ausgangsmaterials liegt bei unendlicher Fortsetzung des Verfahrens als festes und gelöstes Endprodukt vor? Wie groß ist das Verhältnis der Menge des verdunsteten Wassers zur Menge des festen Endprodukts, wenn die Ausgangszusammensetzung einmal wiederholt wird? Da NaCl relativ leicht rekristallisiert, sind alle Berechnungen für die Grenzfälle der heterogenen Kristallbildung und der Abscheidung mit gleichzeitiger Umwandlung zu machen. Die Verteilungskonstante beträgt b_{NaCl} = 0,2. Die Löslichkeit von NaCl ist 37,96 g/100 g H_2O. Als Ausgangssubstanz ist im Binominalschema eine gesättigte Lösung des Rohstoffs einzusetzen. Bei den Berechnungen ist zu beachten, daß die im Abschnitt V angegebenen Gleichungen z.T. unter Berücksichtigung des Faktors q_{NaCl} modifiziert werden müssen.

Aufgabe 15

Es sollen aus 1 000 g NaCl mit 200 ppm Br^- bei 80°C ein Kristallisat mit 12 ppm Br^- und eine Lösung mit 3 389 ppm Br^- durch Wiederholung der Ausgangszusammensetzung in der Fraktion II/2 hergestellt werden (s. Aufgabe 14, Bildung von heterogenen

Kristallen). Die Ausbeute des Verfahrens soll in der fluiden Phase A_l = 0,95 betragen. Nach welcher Anzahl n von Wiederholungen der Ausgangszusammensetzung ist diese Ausbeute erreicht? Wie groß ist die Ausbeute A_k? Wie groß ist die zum Herstellen der gesättigten Ausgangslösung O/1 erforderliche Salzmenge? Welche Menge NaCl muß bei jeder Wiederholung der Ausgangszusammensetzung hinzugefügt werden? Wie groß ist die gesamte Menge des verdunsteten Wassers?

3. Zonenschmelzen

Bislang ist vorausgesetzt worden, daß man die fluide und feste Phase durch Filtrieren voneinander trennen kann. Bei vielen Substanzen (z.B. Metallen) ist das aber nicht der Fall. Um bei derartigen Stoffen die Fraktionierung zur Herstellung von Material mit bestimmten Spurenelementgehalten auszunutzen, wendet man das sogenannte Zonenschmelzen an. Bei diesem Verfahren füllt man die Ausgangssubstanz (z.B. ein Metall mit einem bestimmten Spurenelementgehalt) in ein hitzebeständiges Gefäß (Abb. V-10).

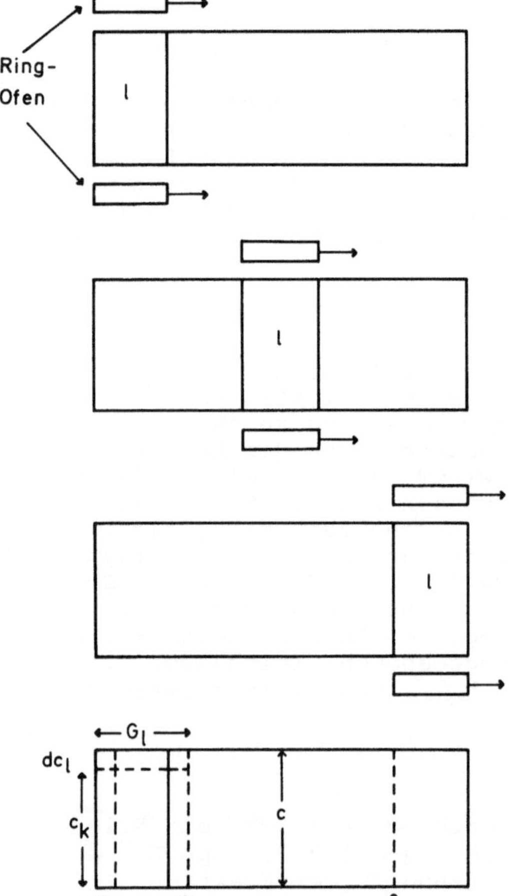

Abb. V-10. Prinzip des Zonenschmelzens. Die durch den ringförmigen Ofen erzeugte Schmelze l wandert durch das Kristallisat, wenn der Ofen in der Pfeilrichtung bewegt wird. Bis zur Linie bei e wird die Fraktionierung einer Spurenkomponente mit den Gleichungen V-3-6 und V-3-7 beschrieben. Wenn das Stück rechts von e kristallisiert, sind die Gleichungen II-4-12 und II-4-14 zu verwenden

An der linken Seite befindet sich ein ringförmiger Ofen. Man schmilzt nun die Substanz in der Zone 1 des Ofens und bewegt anschließend den Ofen langsam in der Pfeilrichtung. Die Schmelzzone wandert also durch die Substanz. An der linken Seite kristallisiert Material aus wobei sich zwischen der Schmelze und den Kristallen ein Verteilungsgleichgewicht einstellt. Das Spurenelement geht also bevorzugt entweder in die Zone oder in das Kristallisat links der Zone. An der rechten Seite wird die Ausgangssubstanz aufgeschmolzen. Hierbei stellt sich zwischen der Zone und dem Ausgangsmaterial kein Verteilungsgleichgewicht ein. Zur Einstellung dieses Gleichgewichts wäre es erforderlich, daß das Spurenelement aus der Zone in das feste Ausgangsmaterial diffundiert oder umgekehrt. Da jedoch die Wanderung der Zone sehr viel schneller ist als jegliche Diffusion im Festkörper, wird also an der rechten Seite der Zone Material mit der ursprünglichen Konzentration der Ausgangssubstanz nachgeliefert. Die Nachlieferung hört auf, wenn die linke Seite der Zone die Linie bei e erreicht hat.

Die Mengenänderung der Spurenkomponente in der Zone ergibt sich aus der Differenz zwischen dem durch Aufschmelzen hinzugefügten und dem durch Kristallisieren fortgeführten Anteil. Dem unteren Teilbild der Abb. V-10 entnimmt man die Beziehung

(V-3-1) $- dG = dG_k.$

Es ist also

(V-3-2) $- c\, dG - c_k dG_k = (c - c_k)\, dG_k = G_l\, dc_l.$

Es bedeuten

- c: Konzentration des Spurenelements im Ausgangsmaterial
- c_k: Konzentration des Spurenelements im Kristallisat, das die Zone verläßt
- c_l: Konzentration des Spurenelements in der Zone
- G_k: Menge des Kristallisats
- G_l: Menge der Zone
- G: Menge des Ausgangsmaterials.

Mit der Beziehung $c_k = b\, c_l$ resultiert

(V-3-3) $$\frac{dc_l}{\frac{c}{b} - c_l} = \frac{b}{G_l}\, dG_k.$$

Die Integration liefert

(V-3-4) $$- \ln \left(\frac{c}{b} - c_l\right) = b\frac{G_k}{G_l} + K.$$

Bezieht man sich auf den Anfang der Kristallisation ($G_k = 0$, $c_l = c$), erhält man die Integrationskonstante

(V-3-5) $$K = - \ln \left(\frac{c}{b} - c\right).$$

Aus V-3-4 und V-3-5 erhält man

$$(V\text{-}3\text{-}6) \qquad c_l = \frac{c}{b} - \left(\frac{c}{b} - c\right) e^{-b\frac{G_k}{G_l}} .$$

Diese Gleichung beschreibt den Verlauf der Spurenelementkonzentration in der Zone auf ihrem Weg durch das Schmelzgut. Für die Spurenelementkonzentration des Kristallisats in jedem Augenblick der Abscheidung erhält man nach Multiplikation von V-3-6 mit der Verteilungskonstanten b

$$(V\text{-}3\text{-}7) \qquad c_k = c - (c - bc)\, e^{-b\frac{G_k}{G_l}} .$$

Es ist zu beachten, daß die Gleichungen V-3-6 und V-3-7 nur solange gelten, bis das Kristallisat die Linie bei e erreicht hat. Wird die linke Seite des Ofens über diese Linie hinaus nach rechts bewegt, gelten wieder die Beziehungen II-4-12 und II-4-14, weil kein Ausgangsmaterial nachgeliefert wird.

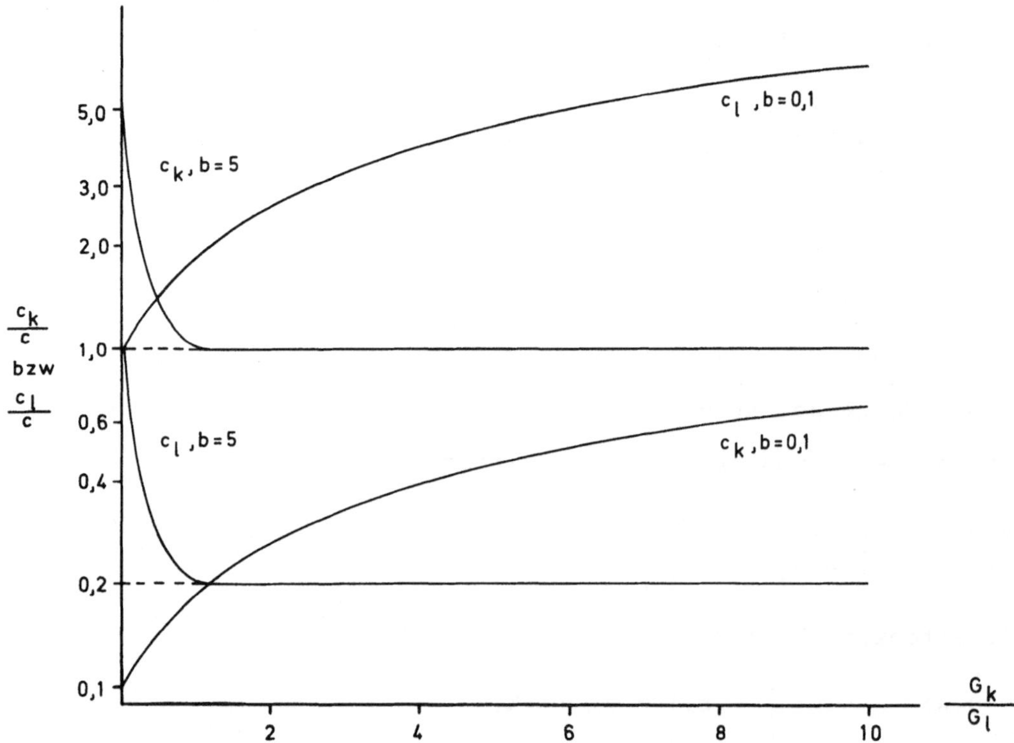

Abb. V-11. Konzentration eines Spurenelements beim Zonenschmelzen im Kristallisat (c_k) und in der Zone (c_l) für b = 5 und b = 0,1, G_k: Menge des Kristallisats, G_l: Menge der Zone, c: Spurenelementkonzentration des Ausgangsmaterials

Die Abb. V-11 zeigt den Verlauf von c_l/c und c_k/c als Funktion von G_k/G_l für die Fälle $b > 1$ und $b < 1$. Die Konzentration der Spurenkomponente in der Zone strebt dem Wert $1/b$ zu. Das Kristallisat hat einen heterogenen Aufbau mit einer kontinuierlichen Änderung der Spurenkonzentration. Sie hat am Anfang der Kristallisation den Wert c b. Mit fortschreitender Abscheidung nähert sie sich dem Wert c.

Das Zonenschmelzverfahren läßt sich durch wiederholte Durchgänge der Schmelzzone und andere Maßnahmen noch verfeinern. Für eine detaillierte Behandlung wird auf die Bücher von PFANN (1966) und SCHILDKNECHT (1964) verwiesen.

VI. Fraktionierungsprozesse bei geologischen Vorgängen

1. Allgemeine Gesichtspunkte

Bei der Betrachtung von natürlichen Fraktionierungsprozessen ist die wissenschaftliche Fragestellung gewöhnlich anders als bei der Behandlung labormäßiger und industrieller Verfahren. Man benutzt in den meisten Fällen die Spurenelementgehalte von Mineralen, um die Entstehungsgeschichte von Gesteinen aufzuklären. Oder anders formuliert: welche geologisch-chemischen Vorgänge sind maßgebend für die Anreicherung oder Verarmung von bestimmten Komponenten in den geologisch unterscheidbaren Teilen der Erde? Zur Beantwortung derartiger Fragen muß man ein Modell aufstellen und das Ergebnis der modellmäßigen Betrachtung mit der Naturbeobachtung vergleichen. Die Aufstellung eines geologisch-chemischen Fraktionierungsmodells ist schwierig. Zunächst benötigt man die Verteilunsfaktoren, die gewöhnlich erst experimentell bestimmt werden müssen. In vielen Fällen ist es sogar erforderlich, die Abhängigkeit des Verteilungsfaktors von der Temperatur, von der Zusammensetzung der fluiden Phase und von der Kristallisationsgeschwindigkeit zu kennen (s. Abschnitt IV). Die Faktoren, mit denen man in der chemischen Praxis eine Fraktionierung beeinflussen kann, stellen also bei geowissenschaftlichen Problemen häufig unbekannte Größen dar. Neben dem Verteilungsfaktor benötigt man noch weitere Informationen. So ist zu beachten, daß sich geologisch-chemische Vorgänge gegen die Umgebung nie so deutlich abgrenzen lassen wie chemische Vorgänge in einem Becherglas, Tiegel oder Autoklaven oder in einer Zonenschmelzapparatur. Es ist also problematisch zu erkennen, inwieweit das System gegen die Umgebung abgeschlossen oder offen war. Erschwerend kommt noch hinzu, daß die Verhältnisse in einem geologischen System im allgemeinen zeitlich nicht konstant sind. So kann ein System zunächst abgeschlossen sein, dann mit der Umgebung im Stoffaustausch stehen und später wieder isoliert werden. Man kann also grundsätzlich nicht im voraus aufgrund allgemeiner Kriterien ein gültiges Modell aufstellen. Es ist von Fall zu Fall zu entscheiden, wie das Modell aussehen muß. Um solche Betrachtungsweisen zu veranschaulichen, soll an einigen Beispielen aus den wichtigsten Bereichen der Gesteinsbildung erörtert werden, in welcher Weise Modelle konzipiert werden müssen und welche Schwierigkeiten zu beachten sind.

2. Die magmagtische Gesteinsbildung

Bei der magmatischen Gesteinsbildung dringt gewöhnlich eine Silikatschmelze (Magma) innerhalb der Erdkruste zwischen Gesteine oder sie tritt an der Erdoberfläche aus. Im Verlauf der Abkühlung erstarrt die Schmelze zu einem festen Gestein. Das Ziel bei der Untersuchung von magmatischen Gesteinen besteht vielfach darin, die Fraktionierung von Spurenelementen im Verlauf der Erstarrung der Schmelze zu ermitteln, d.h. es soll festgestellt werden, in welchem Maß bei der Kristallisation Spurenbestandteile in der jeweiligen Restschmelze oder in Mineralen angereichert werden. Da bei der Erstarrung eines Magmas bis auf sogenannte leichtflüchtige Bestandteile wie H_2O, HCl, HF usw. mit guter Näherung ein geschlossenes System vorliegt, kann man die Fraktionierung mit einer für die Abscheidung von mehreren Kristallen geltenden Form der Gleichung II-4-14 beschreiben. Hierbei geht man im Prinzip so vor, daß man Minerale aus dem Gesteinsverband zunächst isoliert, dann analysiert und die Spurenelementkonzentration gegen das zu dem jeweiligen Mineral gehörenden Abscheidungsstadium $G_l/G_{l,o}$ aufträgt. Als Ergebnis erhält man Diagramme wie sie in den Abb. II-3 bis II-5 dargestellt sind. Anhand der Darstellung kann man dann das Maß der Fraktionierung, den Exponenten $q\Sigma b_i p_i - 1$ bestimmen. Neben den Problemen, die bei der Isolierung von Mineralen aus dem Gestein auftreten, besteht bei diesem Verfahren die größte Schwierigkeit darin, die Stellung eines Minerals in der sog. Differentiationsfolge zu erkennen. Es ist also schwierig, ein Mineral einem bestimmten Abscheidungsstadium $G_l/G_{l,o}$ zuzuordnen.

Gut untersucht ist eine Gabbro-Intrusion in Grönland, der sog. Skaergaard-Komplex (WAGER und MITCHELL, 1951). Das Gestein besteht aus durchschnittlich 47% Plagioklas (Mischkristall aus den Hauptkomponenten $NaAlSi_3O_8$ und $CaAl_2Si_2O_8$), 24% Pyroxen (Mischkristall aus den Hauptkomponenten $CaSiO_3$, $MgSiO_3$ und $FeSiO_3$) und 19% Olivin (Mischkristall aus den Hauptkomponenten Mg_2SiO_4 und Fe_2SiO_4). Das Mischungsverhältnis der Hauptbestandteile ist in diesen Mineralen während der Abscheidung nicht konstant gewesen. So ist der Plagioklas immer Na-reicher geworden. Bei Pyroxen und Olivin ist mit fortschreitender Kristallisation eine Zunahme des Fe-Gehalts zu verzeichnen. Als weiterer Bestandteil nimmt Magnetit ($Fe^{2+}Fe_2^{3+}O_4$) durchschnittlich 7% des Gesteins ein. Die restlichen 3% verteilen sich auf Ilmenit ($FeTiO_3$) und Apatit ($Ca_5(PO_4)_3(OH,F,Cl)$) sowie auf weitere Minerale. Magnetit und Ilmenit sind mit Ausnahme der frühen Kristallisation zusammen mit Plagioklas, Pyroxen und Olivin während des ganzen Abscheidungszeitraums gebildet worden. Apatit ist nur am Ende der Kristallisation entstanden.

Im Fall der Skaergaard-Intrusion war man in der Lage, Minerale mit den Abscheidungsstadien zu korrellieren. Außerdem konnte man die Zusammensetzung der Schmelze an den jeweiligen Abscheidungsstadien rekonstruieren. Die Abb. VI-1 zeigt den Konzentrationsverlauf von einigen Spurenelementen als Funktion des Kristallisationsstadiums. Im Gegensatz zu den Abb. II-3 bis II-5 sind die angegebenen Zusammenhänge in der doppelt logarithmischen Darstellung nicht streng linear. Diese Abweichung von den idealen Kurven hat verschiedene Ursachen. Zunächst ist zu beachten, daß die Abszissenwerte B, C usw., d.h. die Abscheidungsstadien nicht genau lokalisiert sind. Außerdem muß bedacht werden, daß sich während der Abscheidung die Mengenverhältnisse der Minerale ändern können. Ferner können sich auch die Verteilungsfaktoren im Verlauf der Kristallisation etwas ändern. Der Exponent $q\Sigma b_i p_i - 1$ ist also nicht unbedingt als konstant anzusehen.

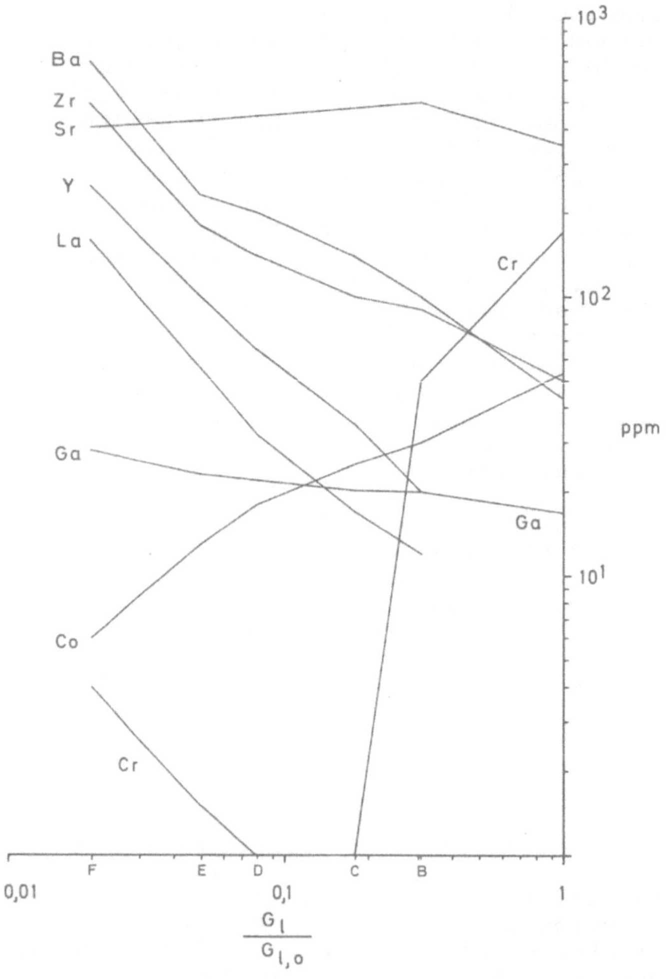

Abb. VI-1. Die Konzentration von einigen Spurenelementen bei der Kristallisation des Skaergaard-Komplexes. *B*, *C* usw.: Abscheidungsstadien. (Nach WAGER und MITCHELL, 1951)

Die Abb. VI-1 zeigt eine Reihe von Fraktionierungstypen, die im Abschnitt II-5 (Abb. II-3 bis II-5) besprochen wurden. Der Verlauf von La und Y hat praktisch eine Steigung von 45°. Das bedeutet, daß $q\Sigma b_i p_i = 0$ ist. Beide Spurenelemente sind also während der Kristallisation nicht (oder in nur verschwindend kleiner Menge) von Mineralen aufgenommen worden. Erst am Ende der Kristallisation werden sie in Apatit eingebaut. Sie vertreten in diesem Mineral das Ca^{2+} (Ionenradius: 1,06 Å, Y^{3+}: 1,06 Å, La^{3+}: 1,12 Å).

Das Zr^{4+} (0,87 Å) geht zunächst teilweise in die Pyroxene. Es kann darin das Fe^{3+} (0,67 Å), das Al^{3+} (0,57 Å) oder das Ti^{4+} (0,64 Å) vertreten. Da nur Pyroxen das Zr aufnimmt, ist $q\Sigma b_i p_i = qb$. Die mittlere Steigung der Kurve ist also qb - 1 = - 0,5. Mit q = 0,24 (24% Pyroxen) erhält man hieraus für die Verteilung von Zr zwischen Pyroxen und der Schmelze eine Konstante b = 2. Die Zr-Konzentration war also im Pyroxen im Verlauf der Kristallisation stets größer als in der Schmelze. In beiden Phasen hat sie aber im Verlauf der Abscheidung zugenommen weil qb - 1 ein negatives Vorzeichen hat. Aufgrund der Anreicherung in der Schmelze hat sich gegen Ende der Kristallisation das Mineral Zirkon ($ZrSiO_4$) gebildet.

Das Ba^{2+} (1,43 Å) wird in die Plagioklase eingebaut. Aus der mittleren Steigung des Konzentrationsverlaufs erhält man qb - 1 = - 0,7. Mit q = 0,47 resultiert b = 0,6. Während der Kristallisation war also die Ba-Konzentration der Plagioklase etwa halb so groß wie die der Schmelze. Im Verlauf der Abscheidung erhöhte sich die Konzentration.

Das Sr^{2+} (1,27 Å) wird ebenfalls in Plagioklase eingebaut. Es vertritt das Ca^{2+} (1,06 Å). Da man den Konzentrationsverlauf in erster Näherung als abszissenparallele Gerade ansehen kann, gilt qb = 1. Mit q = 0,47 resultiert b = 2. Während der Kristallisation hat also keine Anreicherung von Sr stattgefunden. Im Plagioklas war aber in jedem Augenblick der Abscheidung mehr Sr als in der Schmelze. Das gleiche gilt für das Ga^{3+} (0,67 Å), das im wesentlichen in Plagioklas als Ersatz für Al^{3+} (0,57 Å) eingebaut wird.

Das Co^{2+} (0,82 Å) vertritt in Olivin, Pyroxen, Magnetit und Ilmenit das Fe^{2+} (0,82 Å). Aus der mittleren Steigung des Konzentrationsverlaufs erhält man unter Vernachlässigung des Ilmenits $q\Sigma b_i p_i - 1 = 0{,}24 \cdot b_{Pyroxen} + 0{,}19 \cdot b_{Olivin} + 0{,}07 \cdot b_{Magnetit} - 1 = 0{,}6$. Über die Verteilungskonstanten lassen sich keine Angaben machen. Es ist also nicht klar, wie groß der Anteil der einzelnen Minerale an der Fraktionierung ist. Der Pauschaleffekt besteht darin, daß Co bevorzugt in das Kristallisat geht. Im Verlauf der Abscheidung findet daher eine Konzentrationserniedrigung statt.

Das Cr^{3+} (0,64 Å) wird ebenfalls im Kristallisat angereichert. Bis $G_l/G_{l,o} = B$ geht es in den Pyroxen, der neben Fe^{2+} auch Fe^{3+} (0,64 Å) enthält. Ab Punkt B tritt zusätzlich Magnetit auf, in den es ebenfalls anstelle von Fe^{3+} eingebaut wird. Zwischen D und F findet eine Umkehr der Fraktionierung statt. Diese Umkehr existiert auch beim Einbau von Ni in Olivin und von V in Magnetit (nicht eingetragen in Abb. VI-1). Sie ist darauf zurückzuführen, daß bei der Kristallisation eines Magmas ein Mehrkomponenten-System vorliegt. Das bedeutet: die Abscheidung erfolgt nicht isotherm sondern in einem Temperaturgefälle. Außerdem ändert sich im Verlauf der Abscheidung nicht nur die Konzentration der Spurenelemente sondern auch das Mischungsverhältnis der Hauptkomponenten in der Schmelze. Das gleiche kann für die Hauptkomponenten der Festkörper gelten. Der Verteilungsfaktor für ein Spurenelement kann also im Verlauf der Kristallisation als Funktion der Temperatur und der Zusammensetzung verändert werden. Diese Verhältnisse werden an einem einfachen 2-Komponenten-System erörtert.

Es soll angenommen werden, daß ein Magma durch das binäre System Diopsid ($CaMg(SiO_3)_2$) - Anorthit ($CaAl_2Si_2O_8$) beschrieben wird. Dieses System ist in der Abb. VI-2 schematisch dargestellt. Die Schmelze soll die Zusammensetzung x_1 und x_2 haben. Beim Abkühlen scheiden sich Kristalle der Sorte 1 aus, wenn der Punkt a erreicht ist. Hierdurch wird die Komponente 2 in der restlichen

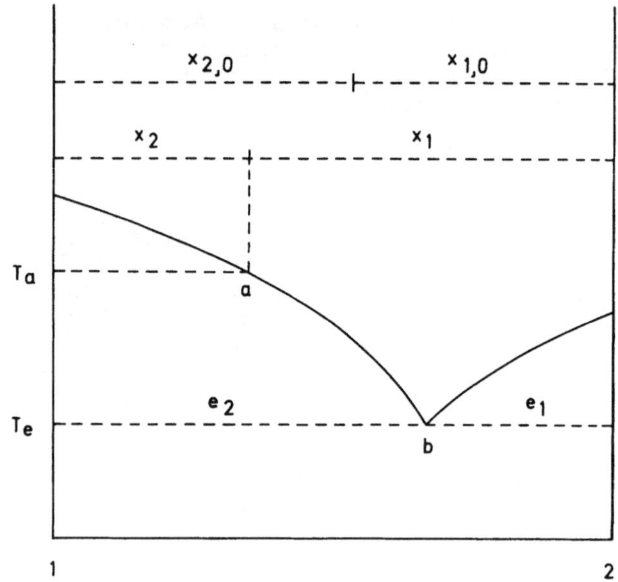

Abb. VI-2. Binäres System mit Eutektikum. Die Bedeutung der Bezeichnungen geht aus dem Text der Abschnitte VI-2 und VI-5 hervor

Schmelze angereichert. Die Zusammensetzung der Schmelze ändert sich daher während der Kristallisation von a nach b. Solange das Eutektikum b noch nicht erreicht ist, bilden sich ausschließlich Kristalle der Sorte 1. Am Punkt b entstehen die Kristallsorten 1 und 2 gleichzeitig. Die Schmelzzusammensetzung bleibt hierbei konstant. Es entstehen also zwei Typen der Kristallsorte 1. Die eine ist bei einer konstanten Temperatur und einem konstanten Aktivitätskoeffizienten f_1 entstanden (Punkt b). Der Spurenelementgehalt dieser Kristalle wird durch einen definierten Verteilungsfaktor und durch die Spurenkonzentration in der Schmelze am Beginn der eutektischen Kristallisation bestimmt. Der andere Typ der Kristallsorte 1 bildet sich zwischen den Temperaturen T_a und T_e in dem zugehörigen Zusammensetzungsbereich. Der Spurenelementgehalt dieser Kristalle wird bestimmt durch die bei a am Anfang der Abscheidung in der Schmelze vorhandene Spurenkonzentration und einen Verteilungsfaktor, der sich zwischen a und b als Funktion von T und f_1 kontinuierlich ändert. Es kann also der Fall eintreten, daß der Verteilungsfaktor von a nach b größer wird oder umgekehrt. Hierbei kann es geschehen, daß er bei einer bestimmten Temperatur und einer bestimmten Zusammensetzung den Zahlenwert 1 erhält. Als Folge hiervon kehren sich die Fraktionierungsverhältnisse im Verlauf der Kristallisation um. Es kann also vorkommen, daß sich ein Spurenbestandteil in der Nähe von a im Kristall und in der Nähe von b in der fluiden Phase anreichert oder umgekehrt.

3. Sedimentäre Gesteinsbildung

Sedimente und Sedimentgesteine (= verfestigte Sedimente) werden an der Erdoberfläche gebildet. Eine große Gruppe der Sedimente besteht aus transportiertem Schutt von verwitterten Gesteinen (z.B. Sande, Sandsteine, Tone und verfestigte Tone). Die andere große Gruppe stellen die chemischen Sedimente dar. Sie scheiden sich hauptsächlich aus Seen und Meerwasser ab. Die häufigsten Abscheidungen sind Kalke, Gips und Salze im engeren Sinn wie NaCl und KCl. Der Spurenelementgehalt des transportierten Verwitterungsschutts wird bestimmt durch den Spurenelementgehalt des verwitternden Ausgangsgesteins sowie durch die systematischen und zufälligen Ereignisse, die den Schutt aus den verschiedensten Gebieten zusammenführen. Die Spurenelementgehalte der Minerale der chemischen Sedimente werden dagegen durch eine Fraktionierung während der Kristallisation bestimmt. Eine Mittelstellung können feinkörnige Minerale der Tone einnehmen, die gelegentlich aus Lösungen entstehen oder Spurenelemente durch die Einwirkung von Lösungen an ihrer Oberfläche adsorbieren.

Tabelle VI-1. Normalfall der Abscheidungsfolge von Mineralen bei der Verdunstung von Meerwasser, 25°C (nach BRAITSCH, 1962). Die Tabelle ist in stratigraphischer Abscheidungsfolge von unten nach oben zu lesen

g Restlösung von ursprünglich 1 000 g Meerwasser	abgeschiedene Minerale	Formel
9,3	Bischofit + Carnallit + Kieserit + Steinsalz	$MgCl_2 \cdot 6\ H_2O$
11,8	Carnallit + Kieserit + Steinsalz	$KMgCl_3 \cdot 6\ H_2O$
	Kieserit + Kainit + Steinsalz	$MgSO_4 \cdot H_2O$
	Hexahydrit + Kainit + Steinsalz	$MgSO_4 \cdot 6\ H_2O$
19,6	Kainit + Epsomit + Steinsalz	$KMgClSO_4 \cdot 11/4\ H_2O$
	Epsomit + Steinsalz	$MgSO_4 \cdot 7\ H_2O$
24,5	Blödit + Steinsalz	$Na_2(MgSO_4)_2 \cdot 4\ H_2O$
121,3	Steinsalz	NaCl
	Gips, Anhydrit	$CaSO_4 \cdot 2\ H_2O, CaSO_4$
	Calcit, Aragonit	$CaCO_3$

Ein wichtiger Fall aus dem Bereich der chemischen Sedimentation ist die Entstehung von marinen Salzablagerungen. Sie werden dadurch gebildet, daß sich in Gebieten mit trockenem Klima an den

Rändern von Ozeanen durch Absenken des Untergrunds Becken bilden. Infolge der Verdunstung von Wasser findet in den Becken eine Konzentrationserhöhung des Meerwassers statt. Im Verlauf dieses Prozesses werden nacheinander und teilweise nebeneinander die Löslichkeiten der im Meerwasser gelösten Salze überschritten. Die ausgeschiedenen Minerale lagern sich auf dem Boden des Meeresbeckens ab. In einem Profil findet man die Salzminerale mit kleinen Löslichkeiten unten und solche mit größeren Löslichkeiten oben. Die Tabelle VI-1 zeigt die Abscheidungsfolge bei 25°C für den Fall, daß sich die stabilen Gleichgewichte einstellen. Dieser Fall muß nicht stets eintreten, da auch metastabile Zustände vorliegen können. Für eine ausführliche Erörterung muß auf die Spezialliteratur verwiesen werden (z.B. BRAITSCH, 1962). Hier wird nur der Normalfall behandelt, der die Umwandlungen und Reaktionen der Minerale nach der Ausfällung ausschließt.

Bei der Kristallisation werden auch Spurenkomponenten des Meerwassers in die Kristallgitter der Minerale eingebaut. In den Ca-Karbonaten und Ca-Sulfaten wird ein Teil des Ca^{2+} durch Sr^{2+} ersetzt, das im Meerwasser eine Konzentration von 8 ppm hat. Die Chloride nehmen anstelle des Cl^- das im Meerwasser mit einer Konzentration von 65 ppm vorhandene Br^- auf. Das Rb^+ (0,13 ppm) ersetzt das K^+. Von diesen Spurenelementen soll das Bromid-Ion betrachtet werden. Um seinen Weg bei der Abscheidung zu verfolgen, muß man die Verteilungskonstanten für die

Tabelle VI-2. Bromid-Verteilungskonstanten und Anteil von Bromid aufnehmenden Mineralen bei der Eindunstung von Meerwasser. b: Verteilungskonstante, q • p: an Anteil der Gesamtabscheidung (nach BRAITSCH, 1962; BRAITSCH und HERRMANN, 1963)

g Restlösung von 1 000 g Meerwasser	Steinsalz (NaCl)		Kainit ($KMgClSO_4 \cdot 11/4\ H_2O$)		Carnallit ($KMgCl_3 \cdot 6\ H_2O$)	
	b	q • p	b	q • p	b	q • p
9,3	0,073		--		0,52	
		0,0257		--		0,1465
11,8	0,073		0,22		0,52	
		0,0942		0,2512		--
19,6	0,073		0,22		--	
		0,254		--		--
121,3	0,14		--		--	

verschiedenen Minerale experimentell bestimmen. Die Tabelle VI-2 zeigt diese Konstanten nach Bestimmungen von BRAITSCH und HERRMANN (1963) zusammen mit den Mengen der Bromid aufnehmenden Minerale. Diese Daten sind die Grundlage für das Fraktionierungsmodell. Für die sogenannte statische Eindunstung, d.h. eine einmalige Füllung des Beckens, benutzt man die Gleichungen II-4-12 und II-4-14 bzw. ihre Abwandlungen für die gleichzeitige Kristallisation von verschiedenen Mineralen. Das Ergebnis der Modellrechnung ist in der Tabelle VI-3 zusammengestellt. Die Abb. VI-3 zeigt eine graphische Darstellung. Von 1 000 g

Tabelle VI-3. Bromidverteilung bei der Verdunstung von Meerwasser (nach BRAITSCH und HERRMANN, 1963)

G_1 (Gramm)	$G_1/G_{1,o}$	$(q \cdot p)b$	Mineral	ppm Br^- in Lösung	Steinsalz	Kainit	Carnallit
1 000 [a]				65			
	$\frac{121,3}{1\ 000}$						
121,3				538	75		
	$\frac{19,6}{121,3}$	0,254 · 0,14	Steinsalz				
19,6				3 160	230	700	
	$\frac{11,8}{19,6}$	0,0942 · 0,073 0,2512 · 0,22	Steinsalz Kainit				
11,8				5 080	370	1 100	2 600
	$\frac{9,3}{11,8}$	0,0257 · 0,073 0,1465 · 0,52	Steinsalz Carnallit				
9,3				6 320	460		3 300

[a] Unverändertes Meerwasser mit 65 ppm Br^-

Ausgangssubstanz bis 121,3 g Restlösung verdunstet nur Wasser. Der Konzentrationsanstieg von Bromid in der Lösung verläuft daher unter 45°. Bei der anschließenden Abscheidung der Minerale wird diese Steigung praktisch nicht geändert, da sich der jeweilige Exponent nur wenig von - 1 unterscheidet. Das in einem Profil unten befindliche Steinsalz hat kleinere Bromidgehalte als Steinsalz aus höheren Schichten des Profils. Der Konzentrationsanstieg im Steinsalz verläuft in der doppelt logarithmischen Darstellung zuerst nicht linear, da sich der Verteilungsfaktor b als Funktion des Eindunstungsstadiums von Meerwasser ändert (Tabellen VI-2 und VI-3). Es handelt sich hierbei um den Einfluß der Gesamtkonzentration und der Zusammensetzung der jeweiligen Restlösung auf die Aktivität des Br^- in der Lösung. Die Krümmung der Kurve ist interpoliert. Zwischenwerte für b sind nicht exakt bekannt. Mit beginnender Abscheidung von Kainit ist der Verteilungsfaktor für Steinsalz dann konstant. Kainit und Carnallit haben aufgrund der größeren Verteilungskonstanten immer größere Bromidgehalte als Steinsalz.

Das Modell für die Bromidverteilung findet im Salzbergbau praktische Anwendungen. Zur Veranschaulichung sollen zwei einfache Beispiele erwähnt werden. Salzvorkommen sind im Verlauf ihrer Geschichte durch Bewegungen der Erdkruste häufig gefaltet und anderweitig verformt worden. Das ursprüngliche Profil ist gekippt oder "verbogen". Heute oben und unten liegende Teile entsprechen daher nicht mehr der ursprünglichen Orientierung. Wenn man nun einen Abbau aus dem Steinsalz in den Bereich wirtschaftlich interessanter Kalisalze (z.B. Carnallit) verlegen will, braucht man nur in Richtung steigender Bromid-Konzentration fortzuschreiten. Beim Streckenvortrieb (Anlage von Stollen) analysiert man also fortlaufend das Steinsalz und ändert die Richtung mit dem Anstieg des Bromids (z.B. BAAR, 1955).

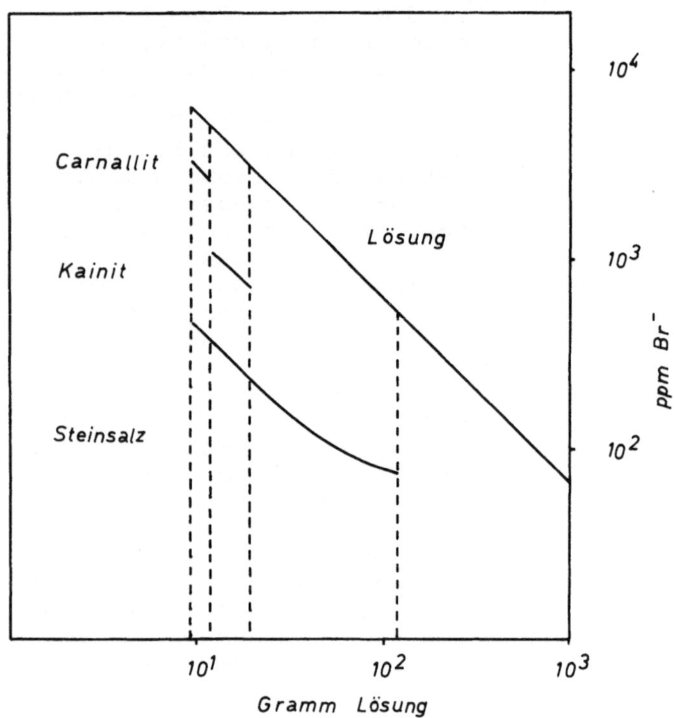

Abb. VI-3. Der Verlauf der Br^--Konzentration in Steinsalz (NaCl), Kainit ($KMgClSO_4 \cdot 11/4\ H_2O$), Carnallit ($KMgCl_3 \cdot 6\ H_2O$) und der Lösung beim Eindunsten von Meerwasser (s.a. Tabellen VI-2 und VI-3, nach BRAITSCH, 1962)

Die Böden von ehemaligen Salzabscheidungsbecken sind selten vollkommen horizontal gewesen (Abb. VI-4). In einigen Salzlagern ist der Untergrund ein poröses Dolomitgestein, das heute mit CO_2 gefüllt ist. Die Salzschichten, die im wesentlichen das ursprüngliche Profil zeigen, dichten den Untergrund nach oben ab. Treibt man die horizontalen Stollen in der vorgezeichneten Richtung

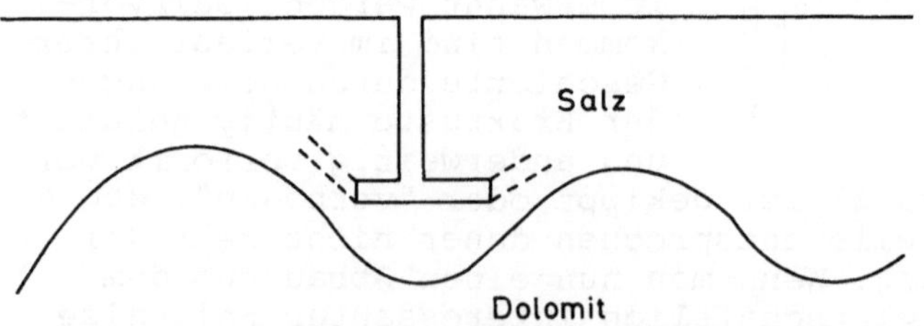

Abb. VI-4. Änderung der Richtung im Stollenvortrieb bei Annäherung an den porösen, gasgefüllten Untergrund. (Nach BAAR, 1954)

weiter, stößt man auf den Dolomit und der ganze Salzabbau füllt sich mit Gas. Durch fortlaufende Bromid-Analysen kann man aber verhindern, daß man sich dem Trägergestein des Gases zu weit nähert und die Sicherheitsgrenze für den Gasausbruch überschreitet (BAAR, 1954).

4. Diagenese

Als Diagenese bezeichnet man die Vorgänge, durch die Gesteine innerhalb der Erdkruste leicht verändert werden. Diese Veränderungen spielen sich bei relativ niedrigen Temperaturen und Drucken ab (konventionell $\lesssim$ 200°C und $\lesssim 5 \cdot 10^3$ Atm.). Häufig sind an den diagenetischen Veränderungen Lösungen beteiligt, die sich im Porenraum der Gesteine befinden. In der Nähe der Erdoberfläche sind es die Grundwässer und in größeren Tiefen die Poren- oder Formationswässer. Von den Prozessen, die durch solche Lösungen hervorgerufen werden, soll die Umkristallisation betrachtet werden. Sie beruht darauf, daß in geologischen Systemen die Löslichkeit der Minerale vom sogenannten differentiellen Druck beeinflußt wird. Hat man z.B. Schichten aus einem lockeren Kalk-Sand (Hauptbestandteil Calcit: $CaCO_3$), dessen Poren mit Wasser oder mit einer im Untergrund vorkommenden Lösung gefüllt sind, herrscht an den Berührungsstellen der Mineralkörner ein anderer Druck als an ihrer Grenze zu den mit der Flüssigkeit gefüllten Poren. Auf den Körnern lastet der Druck, der sich aus dem Gewicht der überlagernden geologischen Schicht ergibt. Der hydrostatische Druck in den Poren resultiert bei kommunizierendem Porenraum aus der Dichte der Lösung und ihrer Höhe. An den Kontaktstellen der Minerale herrscht im allgemeinen der höhere Druck. An diesen Stellen werden die Minerale gelöst. Die Wiederabscheidung erfolgt in den Poren. Der Calcit enthält gewöhnlich Sr als Ersatz für das Ca. Beim Auflösen wird das Sr zu einem Bestandteil der Lösung, aus der es aber durch Einbau in den neu entstehenden Calcit wieder entfernt wird. Es stellt sich also bei der Umkristallisation ein neues Verteilungsgleichgewicht ein. Die Konzentration des Sr im rekristallisierten Calcit wird durch die Zusammensetzung der Lösung und durch den bei der betreffenden Temperatur gültigen Verteilungsfaktor bestimmt. Da sich diese Parameter im allgemeinen von denen unterscheiden, die bei der Bildung des primären Calcits gültig waren, zeigen die Neubildungen gewöhnlich veränderte Sr-Gehalte.

Man kann die Sr-Konzentration des rekristallisierten Calcits benutzen um festzustellen, ob die Umkristallisation in einem geschlossenen System erfolgte oder ob der Porenraum gegen die Umgebung offen war und einen Zu- und Abgang von Lösung gestattete. Bei dieser Erörterung geht man davon aus, daß die Summe der Sr-Mengen des Calcits und der Lösung im geschlossenen System vor und nach der Umwandlung gleich sein muß. Werden alle Größen vor der Umwandlung mit dem Index 1 und nach der Umwandlung mit dem Index 2 bezeichnet, resultiert mit $g = c\,G$ die Beziehung

$$c_{k1}\, G_{k1} + c_{l1}\, G_{l1} = c_{k2}\, G_{k2} + c_{l2}\, G_{l2}. \qquad \text{(VI-4-1)}$$

Durch Umstellen und Berücksichtigung von $c_{k1} = b\, c_{l1}$ und $c_{k2} = b\, c_{l2}$ erhält man hieraus

$$\text{(VI-4-2)} \qquad \frac{c_{k2}}{c_{k1}} = \frac{\frac{1}{b} G_{l1} + G_{k1}}{\frac{1}{b} G_{l2} + G_{k2}} .$$

Erfolgt die Umkristallisation in einem geschlossenen System, ist $G_{k1} = G_{k2}$ und $G_{l1} = G_{l2}$. Es muß also $c_{k2}/c_{k1} = 1$ sein. Wenn bei der Umwandlung ein offenes System vorliegt, ist $G_{l2} > G_{l1}$. Ferner kann sein $G_{k2} = G_{k1}$, $G_{k2} < G_{k1}$ oder $G_{k2} > G_{k1}$.

Welcher Fall vorliegt, hängt davon ab, ob die zugeführte Lösung an $CaCO_3$ gesättigt ist, untersättigt ist und Kalk löst oder übersättigt ist und Kalk im Porenraum abscheidet. Da die Löslichkeit von Calcit aber klein ist, kann nur wenig durch die Lösung zu- oder weggeführt werden. Die Menge des Calcits ändert sich also nicht besonders im Verhältnis zur Menge der Lösung. Der Unterschied zwischen G_{k1} und G_{k2} ist klein. In der Gleichung VI-4-2 ist somit G_{l2} die dominierende Größe. In einem offenen System muß daher $c_{k2}/c_{k1} < 1$ sein. Kennt man also zwei Kalke mit ursprünglich gleicher Sr-Konzentration, von denen der rekristallisierte einen kleineren Sr-Gehalt besitzt, ist die Umwandlung in einem offenen System erfolgt. So haben z.B. unveränderte, im Meerwasser gebildete Kalke im allgemeinen etwa 1 000 ppm Sr. In der Erdkruste veränderte Kalke, die ursprünglich ebenfalls aus Meerwasser abgeschieden wurden, besitzen dagegen gewöhnlich nur 450 ppm Sr. Es ist also $c_{k2}/c_{k1} = 0{,}45$. Hieraus geht hervor, daß die Umwandlung in Gegenwart von zirkulierenden Porenlösungen erfolgte.

5. Metamorphose

a) Allgemeine Gesichtspunkte

Als Metamorphose bezeichnet man diejenigen Vorgänge, die Gesteine bei höheren Drucken und Temperaturen verändern als bei der Diagenese vorliegen. Die häufigsten Metamorphite entstehen dadurch, daß Gesteine in größere Tiefenbereiche der Erdkruste gebracht werden. Infolge der hiermit verbundenen Temperatur- und Druckerhöhung werden einige oder alle der ursprünglichen Minerale instabil. Es entstehen neue Festkörper, die sich untereinander und mit einer bereits vorhandenen oder neu entstehenden fluiden Phase ins Gleichgewicht setzen. Im Bereich hochgradiger Metamorphose beginnen die Festkörper zu schmelzen. Bei diesen Vorgängen verteilen sich Haupt- und Nebenkomponenten auf die verschiedenen Phasen. Ist das System offen, kann die fluide Phase z.B. als hydrothermale Lösung oder als Magma in andere geologische Körper eindringen. Auf diese Weise können also geologische Einheiten chemische Komponenten anreichern oder an ihnen verarmen.

Von den Vorgängen, die im Verlauf der Metamorphose bei der Anreicherung und Verarmung von Komponenten wirksam sind, sollen zwei Fälle besprochen werden: die Bildung von Schmelzen und die Entstehung von Festkörpern aus der fluiden Phase. Da das Ergebnis davon abhängt, ob sich bereits schon beim Aufschmelzen ein Gleichgewicht einstellt, müssen verschiedene Möglichkeiten erörtert werden (SHAW, 1970).

b) Aufschmelzen ohne Einstellung eines Verteilungsgleichgewichts

Zunächst werden die Vorgänge beim Aufschmelzen eines einzelnen Kristalls betrachtet. Der Kristall soll eine homogene Spurenelementverteilung haben. Das Schmelzen soll so schnell erfolgen, daß sich zwischen dem Spurenelementgehalt des Kristalls und der Schmelze kein Verteilungsgleichgewicht einstellen kann. Da unter diesen Bedingungen die Schmelze und der Kristall die gleiche Zusammensetzung haben, gilt

(VI-5.b-1) $$c_{k,o} = c_l$$

$c_{k,o}$: Konzentration des Spurenelements im Kristall bei Beginn des Schmelzens

c_l: Konzentration des Spurenelements in der Schmelze an einem beliebigen Zeitpunkt des Aufschmelzens.

Stellt man c_l als Funktion der Menge der entstehenden Schmelze oder des verbleibenden Kristalls dar, gilt also $c_l = c_{k,o}$ = konstant. In einer graphischen Darstellung mit c_l als Ordinate erhält man im ersten Quadranten eine Parallele zur Abszisse.

Hat man zwei oder noch mehr Kristallsorten, werden die Verhältnisse komplizierter. Zur Veranschaulichung wird ein 2-Stoff-System mit einem Eutektikum betrachtet (Abb. VI-2). Vor Beginn des Schmelzens soll eine feste Mischung der beiden Kristallsorten 1 und 2 vorliegen. Der Anteil der beiden Sorten an der Mischung ist $x_{1,o}$ und $x_{2,o}$. Es gilt $x_{1,o} + x_{2,o} = 1$. Beide Kristallsorten sollen dasselbe Spurenelement in unterschiedlichen Konzentrationen enthalten. Diese Konzentrationen werden als c_{k1} und c_{k2} bezeichnet. Die Konzentration $c_{k,o}$ der Kristallmischung ergibt sich additiv aus den Konzentrationen und den Anteilen der beiden Kristallsorten. Es ist

(VI-5.b-2) $$c_{k,o} = x_{1,o}\, c_{k1} + x_{2,o}\, c_{k2}.$$

Die Kristallmischung schmilzt bei der Temperatur des Eutektikums (T_e), das die relative Zusammensetzung $e_1 + e_2 = 1$ hat. Da $e_1 < x_{1,o}$ und $e_2 > x_{2,o}$ ist, werden während der Bildung der eutektischen Schmelze der Mischung die Kristalle 1 und 2 nicht im Verhältnis $x_{1,o}/x_{2,o}$ sondern in dem kleineren Verhältnis e_1/e_2 entzogen. Hierdurch reichert sich die Kristallsorte 1 in der festen Mischung an, während der Anteil der Sorte 2 abnimmt. Die Zusammensetzung der Schmelze bleibt solange konstant wie noch Kristalle der Sorte 2 vorhanden sind. Sind diese verbraucht und steigt die Temperatur weiter, werden auch die verbliebenen Kristalle 1 geschmolzen. Hierdurch ändert sich die Zusammensetzung der Schmelze bis sie die Zusammensetzung der Ausgangsmischung erreicht hat.

Während der Bildung der eutektischen Schmelze nimmt also der Anteil der Kristalle 1 an der festen Mischung Werte von x_1 an, die zwischen $x_1 = x_{1,o}$ und $x_1 = 1$ liegen. Der Anteil x_2 der Sorte 2 an der Mischung variiert zwischen $x_2 = x_{2,o}$ und $x_2 = 0$. Es gilt $x_1 + x_2 = 1$. Die Spurenelementkonzentration c_k der Mischung ist also an einem beliebigen Zeitpunkt während der Entstehung der eutektischen Schmelze

$$c_k = x_1 c_{k1} + x_2 c_{k2}. \qquad \text{(VI-5.b-3)}$$

Die Größen x_1 und x_2 sind von der noch vorhandenen Kristallmenge bzw. von der Menge der eutektischen Schmelze abhängig. Den Ausdruck für diese Abhängigkeit erhält man, indem man die Verteilung einer Kristallsorte auf die feste und fluide Phase betrachtet. So setzt sich in jedem Augenblick der Bildung einer eutektischen Schmelze der Anteil $x_{1,o}$ aus dem Anteil x_1 in der Proportion der restlichen Kristallmenge und dem Anteil e_1 in der Proportion der Schmelze zusammen (Hebelbeziehung der Phasenmengen). Es ist also

$$x_{1,o} = x_1 \frac{G_k}{G_{k,o}} + e_1 \frac{G_l}{G_{k,o}} \qquad \text{(VI-5.b-4)}$$

$G_{k,o}$, G_k: Menge der Festkörper vor Beginn, an einem beliebigen Zeitpunkt der Bildung einer eutektischen Schmelze

G_l: Menge der Schmelze.

Berücksichtigt man die Beziehung $G_{k,o} = G_l + G_k$, erhält man aus VI-5.b-4

$$x_1 = \frac{x_{1,o} - e_1}{\dfrac{G_k}{G_{k,o}}} + e_1. \qquad \text{(VI-5.b-5)}$$

Für x_2 erhält man in der gleichen Weise

$$x_2 = \frac{x_{2,o} - e_2}{\dfrac{G_k}{G_{k,o}}} + e_2. \qquad \text{(VI-5.b-6)}$$

Setzt man die Gleichungen VI-5.b-5 und VI-5.b-6 in die Beziehung VI-5.b-3 ein, erhält man die Konzentration des Spurenelements im Festkörper als Funktion der Menge der Festkörper bzw. der Menge der Schmelze.

Die Spurenelementkonzentration der eutektischen Schmelze ist

$$c_{l,e} = e_1 c_{k1} + e_2 c_{k2}. \qquad \text{(VI-5.b-7)}$$

Diese Konzentration bleibt solange konstant wie noch Kristalle der Sorte 2 vorliegen. Sind sie verbraucht, ändert sich die

Konzentration, weil beim weiteren Aufschmelzen e_1 dem Wert $x_{1,o}$ und e_2 dem Wert $x_{2,o}$ zustrebt. Bezeichnet man die Anteile der geschmolzenen Kristalle 1 und 2 an der nach-eutektischen Schmelze mit y_1 und y_2, resultiert für die Spurenelementkonzentration der Schmelze an einem beliebigen Zeitpunkt der Schmelzbildung die Beziehung

$$(VI\text{-}5.b\text{-}8) \qquad c_l = y_1 c_{k1} + y_2 c_{k2}.$$

Den Ausdruck für die Abhängigkeit von y_1 und y_2 von der Menge der Kristalle bzw. der Schmelze erhält man in Analogie zu VI-5.b-4. Es ist

$$(VI\text{-}5.b\text{-}9) \qquad x_{1,o} = x_1 \frac{G_k}{G_{k,o}} + y_1 \frac{G_l}{G_{k,o}}.$$

Da im Festkörper nur noch die Kristallsorte 1 vorliegt, ist $x_1 = 1$. Man erhält somit

$$(VI\text{-}5.b\text{-}10) \qquad y_1 = \frac{x_{1,o} - \frac{G_k}{G_{k,o}}}{1 - \frac{G_k}{G_{k,o}}}.$$

Für y_2 resultiert unter Berücksichtigung, daß die Kristallsorte 2 verbraucht ist ($x_2 = 0$)

$$(VI\text{-}5.b\text{-}11) \qquad y_2 = \frac{x_{2,o}}{1 - \frac{G_k}{G_{k,o}}}.$$

Durch Einsetzen von VI-5.b-10 und VI-5.b-11 in VI-5.b-8 erhält man den Zusammenhang zwischen der Spurenelementkonzentration der nach-eutektischen Schmelze und der Menge des Festkörpers bzw. der Schmelze.

Ein einfaches eutektisches System genügt nicht, um die Bildung von Schmelzen im Verlauf der Metamorphose ausreichend zu beschreiben. Man muß stets die speziellen Verhältnisse berücksichtigen, die durch das jeweilige System gegeben sind. Das Beispiel zeigt aber, daß sich die Spurenelementkonzentration einer bei der Metamorphose gebildeten Schmelze von der des Ausgangsgesteins unterscheidet, wenn nur ein Teil des Gesteins aufgeschmolzen wird. Der verbleibende Gesteinsrest hat ebenfalls eine andere Spurenelementkonzentration als das Ausgangsmaterial. Die Spurenkonzentration der Schmelze und des Gesteinsrests ist abhängig von der Zusammensetzung des ursprünglichen Materials, von der Lage des Eutektikums und vom Grad des Aufschmelzens.

c) Aufschmelzen mit Einstellung eines Verteilungsgleichgewichts

Es soll jetzt der Fall betrachtet werden, in dem sich zwischen einem aufschmelzenden Kristall und der resultierenden Schmelze ein Verteilungsgleichgewicht einstellt. Hierfür ist es erforderlich, daß der Kristall sehr langsam schmilzt. Hat sich eine kleine Menge Schmelze gebildet, gilt zunächst Gleichung VI-5.b-1. Da aber genügend Zeit vorhanden ist, stellt sich zwischen der Schmelze und der Kristalloberfläche das Verteilungsgleichgewicht ein. Ist die Verteilungskonstante vom Zahlenwert 1 verschieden, wird sich die Spurenkomponente also entweder in der Schmelze oder an der Kristalloberfläche anreichern. Wenn sich nun durch Diffusion der Unterschied zwischen der Spurenkonzentration am Rand und im Innern des Kristalls ausgleichen kann, ist nach einiger Zeit zwischen dem ganzen Kristall und der Schmelze das Verteilungsgleichgewicht hergestellt. Entfernt man die Schmelze und schmilzt wieder einen kleinen Teil des Kristalls, wiederholt sich der Vorgang. Bei Fortsetzung des Verfahrens ändert sich die Spurenelementkonzentration des Kristalls und der entfernten Schmelze kontinuierlich. Der Verlauf der Konzentration läßt sich wieder mit dem Modell von Rayleigh beschreiben. Für die Menge der Spurenkomponente in der Schmelze gilt

(VI-5.c-1) $$g_l = g_{k,o} - g_k = \Delta g_k$$

$g_{k,o}$, g_k: Menge des Spurenelements im Kristall am Beginn, an einem beliebigen Zeitpunkt des Schmelzens.

Die Menge der Schmelze ist

(VI-5.c-2) $$G_l = G_{k,o} - G_k = \Delta G_k$$

$G_{k,o}$, G_k: Menge des Kristalls am Anfang, an einem beliebigen Zeitpunkt des Schmelzens.

Bezieht man sich auf die unendlich kleinen Mengen dg_k und dG_k, erhält man mit den Gleichungen II-4-1 bis II-4-3

(VI-5.c-3) $$\frac{dg_k}{dG_k} = \frac{1}{b}\,\frac{g_k}{G_k}.$$

Durch Umstellen und Integration in den Grenzen von $g_{k,o}$ bis g_k und $G_{k,o}$ bis G_k sowie durch anschließende Multiplikation mit $G_{k,o}/G_k$ resultiert die der Gleichung II-4-12 ähnliche Beziehung

(VI-5.c-4) $$c_k = c_{k,o}\left(\frac{G_k}{G_{k,o}}\right)^{(\frac{1}{b} - 1)}$$

$c_{k,o}$, c_k: Konzentration der Spurenkomponente am Beginn, an einem beliebigen Zeitpunkt des Schmelzens.

Diese Gleichung beschreibt also die Änderung der Spurenelementkonzentration im Kristall für den Fall, in dem die entstehende Schmelze kontinuierlich aus dem System entfernt wird. Die Konzentration der in jedem Augenblick der Schmelzbildung entfernten Schmelze erhält man nach

$$(VI\text{-}5.c\text{-}5) \qquad c_l = \frac{c_{k,o}}{b} \left(\frac{G_k}{G_{k,o}}\right)^{(\frac{1}{b} - 1)} .$$

Diese Gleichung hat formale Ähnlichkeit mit II-4-14. Sammelt man die vom kristallinen Rest entfernten Schmelzanteile, erhält man nach Integration von VI-5.c-5 in den Grenzen von $G_{k,o}$ bis G_k und anschließender Division durch die Differenz der Integrationsgrenzen für die Durchschnittskonzentration $\bar{c}_l$ die der Gleichung II-6-4 ähnliche Beziehung

$$(VI\text{-}5.c\text{-}6) \qquad \bar{c}_l = \frac{c_{k,o} \left(G_{k,o}^{\frac{1}{b}} - G_k^{\frac{1}{b}}\right)}{(G_{k,o} - G_k)\, G_{k,o}^{(\frac{1}{b} - 1)}} .$$

Werden die resultierenden Schmelzanteile nicht weggeführt, stellt sich zwischen der gesamten Schmelze und dem verbleibenden Kristallrest ein Verteilungsgleichgewicht ein. Unter Berücksichtigung von II-4-3 und Benutzung von VI-5.c-1 und VI-5.c-2 wird daher aus II-4-1 die Beziehung

$$(VI\text{-}5.c\text{-}7) \qquad c_k = b \frac{g_{k,o} - g_k}{G_{k,o} - G_k} .$$

Es ist hierin c_k die während der Gleichgewichtseinstellung durch Vorgänge im Kristall (Diffusion) ausgeglichene Spurenelementkonzentration des Festkörpers. Indem man mit $G_{k,o}$ erweitert und die Beziehung $g_k = c_k\, G_k$ sowie $g_{k,o} = c_{k,o}\, G_{k,o}$ benutzt, erhält man den der Gleichung II-8-3 ähnlichen Ausdruck

$$(VI\text{-}5.c\text{-}8) \qquad c_k = \frac{c_{k,o}}{\frac{1}{b} + \frac{G_k}{G_{k,o}} (1 - \frac{1}{b})} .$$

Für die Spurenkonzentration der Schmelze erhält man mit II-4-1

$$(VI\text{-}5.c\text{-}9) \qquad c_l = \frac{c_{k,o}}{1 + \frac{G_k}{G_{k,o}} (b - 1)} .$$

Stellt sich beim Aufschmelzen mehrerer Kristallsorten ein Verteilungsgleichgewicht ein, werden die Verhältnisse komplizierter. Es soll wieder angenommen werden, daß ein eutektisches System mit den Kristallen 1 und 2 vorliegt. In diesem System soll zuerst der Fall betrachtet werden, in dem beim Aufschmelzen die Schmelze kontinuierlich entfernt wird. Für die Spurenelementkonzentration des Gemenges der jeweils noch vorhandenen Kristalle gilt während der Bildung einer eutektischen Schmelze die Gleichung VI-5.b-3. Da beide Kristallsorten mit der Schmelze im Verteilungsgleichgewicht stehen, ist $c_{k1} = b_1\, c_l$ und

$c_{k2} = b_2\ c_1$. Setzt man diese Ausdrücke sowie die Ausdrücke für x_1 (Gleichung VI-5.b-5) und x_2 (Gleichung VI-5.b-6) in die Beziehung VI-5.b-3 ein, erhält man unter Berücksichtigung von $g_k = c_k\ G_k$ und $g_1 = c_1\ G_1$

$$\text{(VI-5.c-10)} \quad \frac{g_k}{G_k} = \left[\left(\frac{x_{1,o} - e_1}{\frac{G_k}{G_{k,o}}} + e_1 \right) b_1 + \left(\frac{x_{2,o} - e_2}{\frac{G_k}{G_{k,o}}} + e_2 \right) b_2 \right] \frac{g_1}{G_1}.$$

Setzt man zur besseren Übersicht

$$\text{(VI-5.c-11)} \quad X = x_{1,o}\ b_1 + x_{2,o}\ b_2$$

und

$$\text{(VI-5.c-12)} \quad E = e_1\ b_1 + e_2\ b_2$$

resultiert

$$\text{(VI-5.c-13)} \quad \frac{g_k}{G_k} = \left(\frac{G_{k,o}}{G_k} (X - E) + E \right) \frac{g_1}{G_1}.$$

Hieraus wird unter Berücksichtigung der Gleichung VI-5.c-1 und VI-5.c-2

$$\text{(VI-5.c-14)} \quad \frac{g_k}{G_k} = \left(\frac{G_{k,o}\ X - G_{k,o}\ E + G_k\ E}{G_k} \right) \frac{dg_k}{dG_k}.$$

Durch Umstellen resultiert

$$\text{(VI-5.c-15)} \quad \frac{dg_k}{g_k} = \frac{dG_k}{E \left(G_{k,o} \left(\frac{X}{E} - 1 \right) + G_k \right)}.$$

Substituiert man $z = G_{k,o} \left(\frac{X}{E} - 1 \right) + G_k$, bekommt man nach Integration

$$\text{(VI-5.c-16)} \quad \ln g_k = \frac{1}{E} \ln \left(G_{k,o} \left(\frac{X}{E} - 1 \right) + G_k \right) + K.$$

K: Integrationskonstante.

Am Beginn des Aufschmelzens ist $G_k = G_{k,o}$ und $g_k = g_{k,o}$. Es ist also

$$\text{(VI-5.c-17)} \quad K = \ln g_{k,o} - \frac{1}{E} \ln G_{k,o} \frac{X}{E}.$$

Setzt man den Ausdruck für die Integrationskonstante in die Gleichung VI-5.c-16 ein, resultiert

$$(VI\text{-}5.c\text{-}18) \qquad \ln \frac{g_k}{g_{k,o}} = \frac{1}{E} \ln \frac{G_{k,o}\frac{X}{E} - G_{k,o} + G_k}{G_{k,o}\frac{X}{E}}.$$

Durch Umformen und unter Berücksichtigung von $g_k = c_k G_k$ sowie $g_{k,o} = c_{k,o}\, G_{k,o}$ erhält man für den Verlauf der Spurenelementkonzentration im Festkörper die Beziehung

$$(VI\text{-}5.c\text{-}19) \qquad c_k = c_{k,o} \frac{G_{k,o}}{G_k} \left[1 - \frac{E}{X} \left(1 - \frac{G_k}{G_{k,o}} \right) \right]^{\frac{1}{E}}.$$

Die Gleichung VI-5.c-13 lautet in anderer Schreibweise

$$(VI\text{-}5.c\text{-}20) \qquad c_k = \frac{G_{k,o}}{G_k} X \left[1 - \frac{E}{X} \left(1 - \frac{G_k}{G_{k,o}} \right) \right] c_l.$$

Setzt man diesen Ausdruck in die Beziehung VI-5.c-19 ein, erhält man die Konzentration der in jedem Augenblick des Aufschmelzens weggeführten Schmelze. Es ist

$$(VI\text{-}5.c\text{-}21) \qquad c_l = \frac{c_{k,o}}{X} \left[1 - \frac{E}{X} \left(1 - \frac{G_k}{G_{k,o}} \right) \right]^{(\frac{1}{E} - 1)}.$$

Will man die Durchschnittskonzentration aller gesammelten Schmelzanteile ermitteln, muß man die Gleichung VI-5.c-21 in den Grenzen von $G_{k,o}$ bis G_k integrieren und das Ergebnis durch die Differenz der Integrationsgrenzen dividieren. Es resultiert

$$(VI\text{-}5.c\text{-}22) \qquad \bar{c}_l = c_{k,o} \frac{1 - \left[1 - \frac{E}{X} \left(1 - \frac{G_k}{G_{k,o}} \right) \right]^{\frac{1}{E}}}{\left(1 - \frac{G_k}{G_{k,o}} \right)}.$$

Soll c_l ermittelt werden, wenn die Schmelze während des Aufschmelzens nicht von den Kristallen entfernt wird, setzt man in die Gleichung VI-5.c-13 die Beziehungen $g_k = g_{k,o} - g_l$ (VI-5.c-1) und $G_k = G_{k,o} - G_l$ (VI-5.c-2) sowie $c_l = g_l/G_l$ ein. Auf der linken Seite der Gleichung teilt man dann über und unter dem Bruchstrich durch $G_{k,o}$, berücksichtigt $1 - G_l/G_{k,o} = G_k/G_{k,o}$ und erhält $\frac{G_{k,o}}{G_k}\left[c_{k,o} - c_l \left(1 - \frac{G_k}{G_{k,o}} \right) \right]$. Für die rechte Seite kann man schreiben $\frac{G_{k,o}}{G_k}\left[X - E \left(1 - \frac{G_k}{G_{k,o}} \right) \right] c_l$. Löst man nach c_l auf, resultiert

$$(VI\text{-}5.c\text{-}23) \qquad c_l = \frac{c_{k,o}}{X + \left(1 - \frac{G_k}{G_{k,o}} \right) (1 - E)}.$$

Die Spurenelementkonzentration der restlichen Kristalle erhält man, indem in die Gleichung VI-5.c-13 die Beziehungen $g_l = g_{k,o} - g_k$ und $G_l = G_{k,o} - G_k$ sowie $c_k = g_k/G_k$ eingesetzt werden. Teilt man auf der rechten Seite durch $G_{k,o}$ und löst dann nach c_k auf, resultiert

$$c_k = \frac{c_{k,o}}{\dfrac{G_k}{G_{k,o}} + \dfrac{1 - \dfrac{G_k}{G_{k,o}}}{\dfrac{G_{k,o}}{G_k}(X - E) + E}} . \qquad \text{(VI-5.c-24)}$$

Die Gleichungen VI-5.c-19 und VI-5.c-21 bis VI-5.c-24 gelten nur für eutektische Schmelzen. Will man für das nach-eutektische Stadium entsprechende Beziehungen aufstellen, ist zu beachten, daß der Verteilungsfaktor infolge des Temperaturanstiegs und der Änderung der Zusammensetzung der Schmelze nicht mehr konstant ist.

Es muß noch darauf hingewiesen werden, daß beim heutigen Stand der Wissenschaft nicht klar ist, ob sich bei der Bildung von fluiden Phasen im Verlauf der Metamorphose ein Verteilungsgleichgewicht einstellen kann. Einerseits dürfte die Diffusion in den meist silikatischen Mineralen nur klein sein. Andererseits nimmt die Schmelzbildung lange Zeiten in Anspruch. Die im Voranstehenden beschriebenen Fälle zeigen aber, welche Gesichtspunkte grundsätzlich zu berücksichtigen sind. Die Spurenelementkonzentration einer eutektischen Schmelze ist abhängig von der Größe der Verteilungskonstanten, von der Zusammensetzung des Ausgangsmaterials, von der Lage des Eutektikums und von der Menge der Schmelze bzw. von der Menge des verbleibenden Gesteinsrestes. Ferner ist sie abhängig von geologischen Faktoren, d.h. von geologischen Ereignissen, die die Schmelze eventuell schon während des Aufschmelzens oder erst nachdem sich eine bestimmte Schmelzmenge gebildet hat vom Ort des Aufschmelzens als Magma entfernen.

d) Die Fraktionierung von Spurenelementen bei der Bildung von Mineralen

Wenn bei der Metamorphose bestimmte Drucke und Temperaturen erreicht worden sind, werden gewöhnlich einige Minerale des Ausgangsgesteins instabil und bilden neue Minerale. Die chemischen Reaktionen, die sich hierbei abspielen, sind keine Festkörperreaktionen. Sie laufen in der Weise ab, daß die instabil werdenden Minerale zunächst mit einer in den Gesteinsporen vorhandenen wäßrigen Flüssigkeit eine fluide Phase bilden. Aus dieser Phase werden dann im Porenraum des Gesteins die neuen Minerale abgeschieden. Bei diesem Vorgang sind mehrere Möglichkeiten zu erwägen. Man kann z.B. daran denken, daß die Abscheidung erst dann beginnt, wenn alle instabil werdenden Minerale vollständig zum Bestandteil der fluiden Phase geworden sind. Für den Einbau von Spurenelementen in die neuen Minerale bedeutet dieser Fall, daß die Fraktionierung nach dem durch die Gleichung II-4-12 zum Ausdruck kommenden Prinzip beschrieben werden muß. Eine weitere, wohl häufiger verwirklichte Möglichkeit besteht darin, daß zunächst nur ein kleiner Teil der Ausgangssubstanz zum Bestandteil der fluiden Phase wird. Anschließend kristallisieren die neuen Minerale während die Ausgangssubstanz kontinuierlich abgebaut wird.

Wenn sich bei diesem Vorgang zwischen den verschwindenden Mineralen und der fluiden Phase kein Verteilungsgleichgewicht einstellt, läßt sich der Einbau von Spurenelementen in die neu entstehenden Festkörper nach dem durch die Gleichung V-3-6 zum Ausdruck kommenden Prinzip (Zonenschmelzen) beschreiben. Allerdings muß diese Beziehung noch modifiziert werden, um sie auf die Metamorphose anwenden zu können.

Zur Veranschaulichung wird eine Reaktion betrachtet, die unter bestimmten Voraussetzungen bei der Metamorphose ablaufen kann. Sie lautet unter Benutzung von idealisierten Formeleinheiten

3 Chlorit + 2 Muskovit +

$$3\ (Mg,Fe,Mn)_{10}Al_2(Al_2Si_6)O_{20}(OH)_{16} + 2\ KAl_2(AlSi_3)O_{10}(OH)_2 +$$

6 Quarz = 8 Granat + 2 Biotit + 24 Wasser

$$6\ SiO_2 = 8\ (Mg,Fe,Mn)_3Al_2Si_3O_{12} + 2\ K(Mg,Fe,Mn)_3(AlSi_3)O_{10}(OH)_2 + 24\ H_2O.$$

Es reagieren 3 Minerale unter Bildung von 2 neuen und Wasser, das sich aus der fluiden Phase entfernt und durch den Porenraum des Gesteins entweicht. Bezeichnet man die Menge des Granats als G_{k1} und die des Biotits als G_{k2}, ist der Anteil q der gesamten Menge der beiden Minerale $G_k = G_{k1} + G_{k2}$ an den Reaktionsprodukten

$$\text{(VI-5.d-1)} \qquad q = \frac{G_k}{G_k + G_{H_2O}} .$$

Ferner ist

$$\text{(VI-5.d-2)} \qquad p_1 = \frac{G_{k1}}{G_k}$$

und

$$\text{(VI-5.d-3)} \qquad p_2 = \frac{G_{k2}}{G_k} .$$

Die Menge des Ausgangsmaterials (die Mengen von Chlorit + Muskovit + Quarz) wird als $G = G_k + G_{H_2O}$ bezeichnet.

Zwischen einer Mengenänderung des Ausgangsmaterials und der Reaktionsprodukte gilt die der Gleichung V-3-1 entsprechende Beziehung

$$\text{(VI-5.d-4)} \qquad -\ dG = \frac{1}{q}\ dG_k .$$

Ferner ist

(VI-5.d-5) $dG_{k1} = p_1\, dG_k$

und

(VI-5.d-6) $dG_{k2} = p_2\, dG_k$.

Es soll nun angenommen werden, daß der Chlorit das Mn nur in Spuren enthält. Bei der Reaktion geht es zunächst in die fluide Phase und wird dann, den Verteilungskonstanten entsprechend, in Biotit und Granat eingebaut. Es sollen sein

- c: Mn-Konzentration der Ausgangssubstanzen (Mittel aus den Konzentrationen von Chlorit, Muskovit und Quarz)
- c_{k1}, c_{k2}: Mn-Konzentration von Granat, Biotit
- c_1: Mn-Konzentration der fluiden Phase
- b_1, b_2: Verteilungskonstanten von Granat, Biotit.

Setzt man voraus, daß die Menge der fluiden Phase G_1 bei der Reaktion konstant ist, gilt für die Mengenänderung des Spurenelementes in der fluiden Phase in Analogie zu V-3-2

(VI-5.d-7) $$- c\, dG - c_{k1}\, dG_{k1} - c_{k2}\, dG_{k2} = G_1\, dc_1.$$

Werden in diese Gleichung die Beziehungen VI-5.d-4 bis VI-5.d-6 eingesetzt, resultiert

(VI-5.d-8) $$\left(\frac{c}{q} - p_1 c_{k1} - p_2 c_{k2}\right) dG_k = G_1\, dc_1.$$

Unter Benutzung von $c_{k1} = b_1\, c_1$ und $c_{k2} = b_2\, c_1$ erhält man analog zu V-3-3

(VI-5.d-9) $$\frac{dc_1}{\left(\frac{c}{q(b_1p_1 + b_2p_2)} - c_1\right)} = (b_1p_1 + b_2p_2)\,\frac{dG_k}{G_1}.$$

Hieraus bekommt man für die Konzentration des Spurenelements in der fluiden Phase den der Gleichung V-3-6 ähnlichen Ausdruck

(VI-5.d-10) $$c_1 = \frac{c}{q(b_1p_1+b_2p_2)} - \left(\frac{c}{q(b_1p_1+b_2p_2)} - c\right) e^{-(b_1p_1+b_2p_2)\frac{G_k}{G_1}}.$$

Durch die Multiplikation mit den Verteilungskonstanten b_1 oder b_2 erhält man die Gleichungen für die Spurenelementkonzentrationen c_{k1} oder c_{k2} des jeweiligen Reaktionsprodukts. Treten bei der Reaktion mehr als zwei Festkörper auf, ist die Gleichung VI-5.d-10 durch Hinzufügen von weiteren Produkten bp zu verändern. Es ist noch zu beachten, daß die Fraktionierung von Spurenelementen nach VI-5.d-10 nur solange beschrieben wird, wie noch festes Ausgangsmaterial vorhanden ist. Wenn dieses verbraucht ist ($G = 0$, s. Abschnitt V-3), muß die weitere Fraktionierung nach dem Prinzip der Gleichung II-4-12 beschrieben werden.

Die Gleichung VI-5.d-10 liefert Typen von Kurven wie sie in der Abb. V-11 dargestellt sind. Ob mit fortschreitender Kristallisation, d.h. mit größer werdendem G_k eine Konzentrationserhöhung oder -erniedrigung der Spurenkomponente stattfindet, hängt vom Vorzeichen des zweiten Gliedes der Beziehung VI-5.d-10 ab. Ist das Vorzeichen positiv, wird vom gleich bleibenden Wert des ersten Gliedes ein immer kleinerer Wert abgezogen. Wenn er negativ ist, wird ein immer kleinerer Wert zugezählt. Bezieht man sich auf die relative Konzentration c_l/c, wird das Vorzeichen vom Ausdruck $\frac{1}{q(b_1p_1 + b_2p_2)} - 1$ bestimmt. Ist darin $q\Sigma b_ip_i > 1$, wird also das zweite Glied der Gleichung VI-5.d-10 negativ und die Spurenkonzentration nimmt in der fluiden Phase und auch im Kristallisat mit fortschreitender Kristallisation ab. Wenn $q\Sigma b_ip_i < 1$ ist, kehren sich die Verhältnisse um. Man sieht, daß in Analogie zu der für mehrere Kristalle geltenden Form von II-4-12 die Fraktionierung nicht nur allein durch Verteilungsfaktoren bestimmt wird. Maßgebend ist der Ausdruck $q\Sigma b_ip_i$. Wenn sich also Granat nach einer anderen als der oben angegebenen Reaktionsgleichung bildet, kann die Mn-Fraktionierung auch bei unveränderter Verteilungskonstante anders verlaufen, wenn $q\Sigma b_ip_i$ aufgrund der veränderten Mengenverhältnisse einen anderen Zahlenwert hat.

Trägt man die Konzentration c_k von Kristallen, die nach dem Prinzip der Gleichung VI-5.d-10 Spurenelemente einbauen, für den Fall sphärischen Wachstums als Funktion des Kristallradius auf, erhält man Kurven, die denen der Abb. II-8 und II-9 sehr ähnlich sind. Ist $q\Sigma b_ip_i > 1$, resultiert eine glockenförmige Verteilung. Wenn $q\Sigma b_ip_i < 1$ ist, nimmt die Spurenelementkonzentration vom Zentrum zur Peripherie des Kristalls zu.

Es ist durchaus nicht sicher, daß bei Reaktionen im Verlauf der Metamorphose die Menge der fluiden Phase in allen Fällen konstant ist. So kann es vorkommen, daß bei einem schnellen Temperaturanstieg in der Zeiteinheit mehr Ausgangsmaterial in die fluide Phase gelangt als daraus durch Kristallisation entfernt wird. Man muß also im allgemeinen Fall mit einer Variation in der Menge der fluiden Phase rechnen. Es soll einmal angenommen werden, daß die Mengenänderung der fluiden Phase durch einen linearen Zusammenhang zwischen den Mengen des Ausgangsmaterials und der Reaktionsprodukte zum Ausdruck kommt. Diese Relation würde einem Zonenschmelzverfahren entsprechen, bei dem sich die Größe der Zone linear mit der Zunahme des Kristallisats ändert (Abb. VI-5). Zunächst soll das Ausgangsmaterial eine fluide Phase $G_{l,o}$ bilden. Der verbleibende Rest wird als G_o bezeichnet. Nach einer bestimmten Zeit hat sich eine bestimmte Menge G_k der Reaktionsprodukte gebildet. Hierbei hat sich $G_{l,o}$ auf den Wert G_l und G_o auf den Wert G geändert. In jedem Augenblick der Kristallisation ist also

(VI-5.d-11) $$G_l = G_o + G_{l,o} - G - G_k.$$

Der lineare Zusammenhang zwischen G und G_k soll zum Ausdruck kommen durch die Beziehung

(VI-5.d-12) $G_o - G = r\, G_k.$

Aus VI-5.d-11 und VI-5.d-12 erhält man

(VI-5.d-13) $G_l = (r - 1)\, G_k + G_{l,o}.$

Der Faktor r soll alle Zahlenwerte $r > 0$ außer $r = 1$ annehmen können. Ist $r > 1$, wird G_l mit fortschreitender Kristallisation größer. Wenn $0 < r < 1$ ist, wird G_l im Verlauf der Abscheidung kleiner.

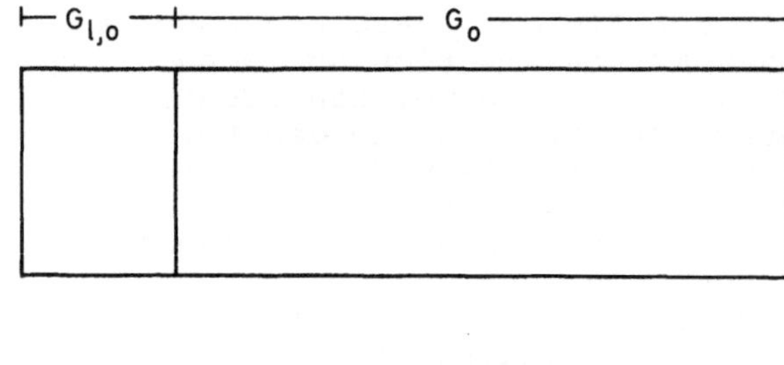

Abb. VI-5. Prinzip des Zonenschmelzens bei variabler Zonenlänge. Die Bezeichnungen sind im Text zu VI-5.d erläutert

Wendet man den Fall einer variablen Menge fluider Phase auf das Beispiel der Bildung von Granat und Biotit aus Chlorit, Muskovit und Quarz an, hat man zunächst statt VI-5.d-12 zu setzen

(VI-5.d-14) $q\,(G_o - G) = r\, G_k.$

Es ist also anstelle von VI-5.d-4

(VI-5.d-15) $- dG = \frac{r}{q}\, dG_k.$

Setzt man VI-5.d-15 und VI-5.d-13 in VI-5.d-7 ein, erhält man unter Berücksichtigung von VI-5.d-5 und VI-5.d-6, $c_{k1} = b_1 c_l$ und $c_{k2} = b_2 c_l$

(VI-5.d-16) $$\frac{dc_l}{\dfrac{r\, c}{q(b_1p_1 + b_2p_2)} - c_l} = \frac{(b_1p_1 + b_2p_2)}{(r - 1)}\; \frac{dG_k}{\left(\dfrac{G_{l,o}}{r - 1} + G_k\right)}.$$

Die Integration liefert

(VI-5.d-17) $$-\ln\left(\frac{r\,c}{q(b_1p_1+b_2p_2)} - c_1\right) = \frac{(b_1p_1+b_2p_2)}{(r-1)}\ln\left(\frac{G_{1,o}}{r-1} + G_k\right) + K.$$

Da am Beginn der Kristallisation $G_k = 0$ und $c_1 = c$ sind, erhält man für die Integrationskonstante

(VI-5.d-18) $$K = -\ln\left(\frac{r\,c}{q(b_1p_1+b_2p_2)} - c\right) - \frac{(b_1p_1+b_2p_2)}{(r-1)}\ln\left(\frac{G_{1,o}}{r-1}\right).$$

Durch Einsetzen dieser Gleichung in VI-5.d-17 und Berücksichtigung von VI-5.d-13 resultiert für die Konzentration der fluiden Phase

(VI-5.d-19)

$$c_1 = \frac{r\,c}{q(b_1p_1+b_2p_2)} - \left(\frac{r\,c}{q(b_1p_1+b_2p_2)} - c\right)\left(\frac{G_1}{G_{1,o}}\right)^{-\frac{(b_1p_1+b_2p_2)}{(r-1)}}.$$

Durch Multiplikation mit b_1 oder b_2 erhält man die Konzentration des jeweiligen Minerals. Die Gleichung VI-5.d-19 gilt nur solange noch Ausgangsmaterial nachgeliefert wird ($G > 0$). Ist das nicht mehr der Fall, wird die weitere Fraktionierung mit der für die Kristallisation von mehreren Kristallsorten modifizierten Form von II-4-12 beschrieben.

Stellt man die Gleichung VI-5.d-19 und die entsprechenden Gleichungen für den Spurenelementgehalt der Festkörper graphisch dar, ergeben sich Kurven, die eine ähnliche Gestalt wie die der Abb. V-11 haben. Es ist jedoch zu beachten, daß in einer solchen Darstellung im Gegensatz zur Abb. V-11 beide Ordinaten logarithmisch geteilt sind. Wie im Fall der Gleichung VI-5.d-10 ist auch bei der Beziehung VI-5.d-19 die Fraktionierung vom Vorzeichen des zweiten Gliedes abhängig. Bezogen auf die relative Konzentration c_1/c, ist das Vorzeichen durch den Ausdruck $\frac{r}{q\Sigma b_ip_i}$ gegeben. Ist dieser Ausdruck < 1, nimmt die Spurenelementkonzentration im Verlauf der Abscheidung in der fluiden Phase und in den Kristallen ab. Wenn er > 1 ist, kehren sich die Verhältnisse um. Es ist zu beachten, daß sich die Ausdrücke, die das Vorzeichen des zweiten Gliedes bestimmen, in den Gleichungen VI-5.d-10 und VI-5.d-19 durch den Faktor r unterscheiden. Die Fraktionierung von Spurenelementen bei ein und derselben chemischen Reaktion ist also davon abhängig, ob sich die Menge der fluiden Phase während der Reaktion ändert oder ob sie konstant bleibt. Es kann also durchaus vorkommen, daß man bei Mineralen verschiedener Lokalität, die sich nach ein und derselben chemischen Reaktion gebildet haben, entgegengesetzte Fraktionierungseffekte findet.

Trägt man die Spurenkonzentration von Kristallen, bei denen eine Fraktionierung nach dem Prinzip der Gleichung VI-5.d-19 stattgefunden hat, für kugelförmiges Wachstum als Funktion des Kristallradius auf, erhält man wieder Kurven, die denen der Abb. II-8 und II-9 entsprechen. Eine glockenförmige Verteilung entsteht, wenn $\frac{r}{q\Sigma b_i p_i} < 1$ ist. Wenn dieser Ausdruck > 1 ist, nimmt die Konzentration als Funktion des Radius zu.

6. Formen von Spurenelementverteilungen in Mineralen

Seit einiger Zeit hat man die Möglichkeit, mit bestimmten mikroanalytischen Verfahren (z.B. mit der sog. Mikrosonde) Spurenelementverteilungen im Bereich einzelner Mineralkörner zu ermitteln. Hiermit besitzt man eine Methode, mit der in bestimmten Grenzen die Fraktionierung von Spurenelementen im Verlauf einer Kristallisation rekonstruiert werden kann. Solche Rekonstruktionen lassen sich nicht in allen Fällen durchführen, weil manche Verteilungen sehr kompliziert sind. Mit anderen Verteilungen sind aber Interpretationen der Fraktionierung durchaus möglich. Im folgenden werden einige Fälle erörtert. Sie sollen zeigen, welche Gesichtspunkte bei einer Deutung zu berücksichtigen sind.

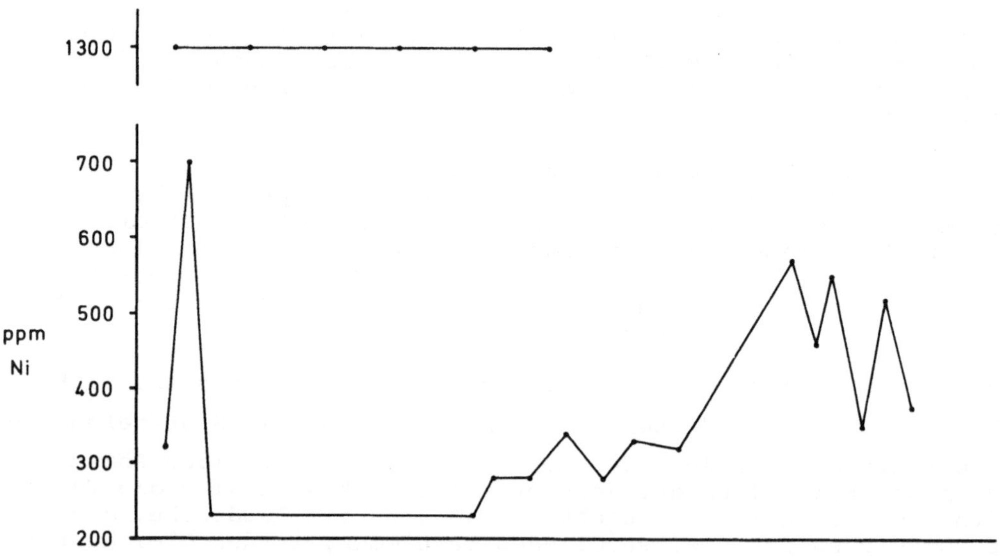

Abb. VI-6. Oben: homogene Verteilung von Ni in Magnetkies (FeS). Unten: irreguläre Verteilung von Ni in Pyrit (FeS_2). (SCHNEIDER, 1973)

Die Abb. VI-6 zeigt im oberen Teil als Beispiel für einen bestimmten Typ die Verteilung von Ni in Magnetkies (FeS). Das Ni^{2+} (Ionenradius: 0,78 Å), das einen Teil des Fe^{2+} (0,82 Å) ersetzt, hat im Rahmen der Analysengenauigkeit an allen Stellen im Kristall die gleiche Konzentration. Die Verteilung ist homogen. Als Ursache für eine derartige Form kommen verschiedene Möglichkeiten in Frage. So kann z.B. bei der Kristallisation keine Fraktionierung stattgefunden haben. Lag ein geschlossenes System vor, war also in der Gleichung II-4-12 oder einer modifizierten Form davon der Exponent $q\Sigma b_i p_i = 1$ (s. Abschnitt II-5). Eine andere Möglichkeit besteht darin, daß sich in einem geschlossenen System bei Vorhandensein einer Fraktionierung nur eine sehr kleine Menge Festkörper gebildet hat. Da unter diesen Verhältnissen die Spurenelementkonzentration der fluiden Phase nur sehr wenig verändert wird, zeigt der Spurengehalt des Kristalls im Verlauf des Wachstums ebenfalls nur eine unwesentliche Änderung. Die Konzentrationsunterschiede zwischen verschiedenen Stellen des Kristalls sind also nicht nachweisbar. Als weitere Möglichkeit kommt ein offenes System in Frage, in dem die Mineralbildung innerhalb einer strömenden, mit konstanter Konzentration nachgelieferten fluiden Phase erfolgte. Eine noch weitere Möglichkeit besteht darin, daß die homogene Spurenelementverteilung das Ergebnis einer Umkristallisation ist. Um zu entscheiden welcher Fall vorliegt, braucht man zusätzliche Informationen. Weiß man z.B., daß das betreffende Mineral in einem geschlossenen System entstanden ist (magmatische Kristallisation), muß die homogene Verteilung auf das Fehlen einer Fraktionierung zurückgeführt werden ($q\Sigma b_i p_i = 1$).

Als Beispiel für einen anderen Typ ist in dem unteren Teil der Abb. VI-6 die Verteilung von Ni in Pyrit (FeS_2) dargestellt. Die Verteilung ist irregulär. Erfolgte die Kristallisation in einem geschlossenen System, muß die Konvektion in der fluiden Phase als ungenügend angesehen werden. Lag ein offenes System vor, war die Spurenelementkonzentration der zugeführten fluiden Phase während der Kristallisation nicht konstant.

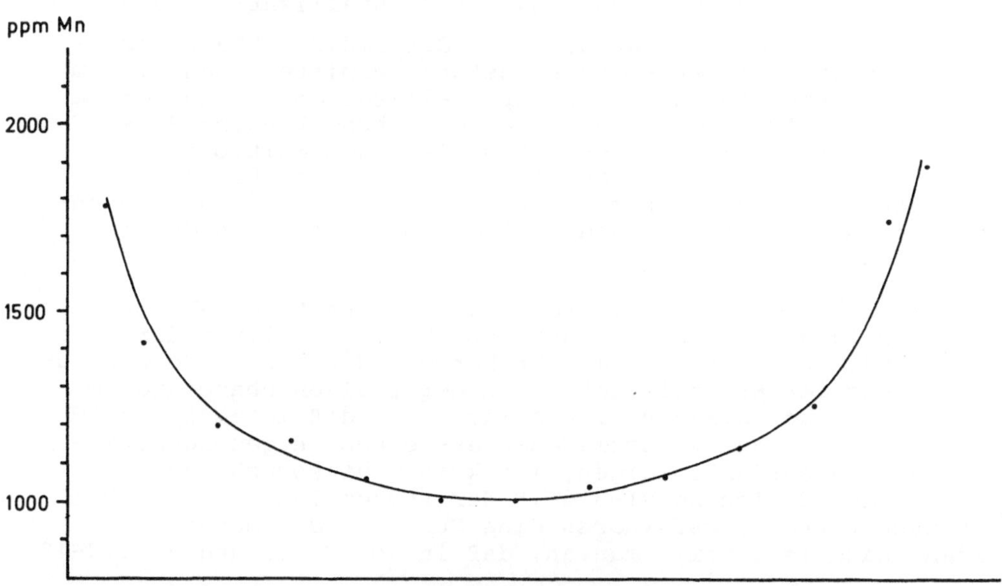

Abb. VI-7. Heterogene Verteilung von Mn in Olivin ($(Mg,Fe)_2SiO_4$). (GRAMSE, 1973)

Die Abb. VI-7 zeigt als Beispiel für eine heterogene Verteilung den Verlauf der Mn-Konzentration in Olivin ($(Mg,Fe)_2SiO_4$). Das Mn^{2+} (0,91 Å) vertritt in diesem Mineral das Fe^{2+} (0,82 Å). Da sich Olivin bei der magmatischen Kristallisation bildet, kann man ein geschlossenes System voraussetzen. Man entnimmt der Verteilungskurve, daß das Mn mit fortschreitender Kristallisation in der Schmelze und im Kristall angereichert wurde. In einer für die Abscheidung von mehreren Kristallsorten geltenden Form von II-4-12 ist also $q\Sigma b_i p_i < 1$ zu setzen. Um die Verteilungskonstante zu ermitteln, bezieht man sich auf den Anfang der Kristallisation. Da an diesem Zeitpunkt $G_l/G_{l,o} = 1$ ist, nimmt II-4-14 die Form $c_k = c_{l,o}\, b$ an. Für c_k setzt man die Mn-Konzentration des Kristallzentrums ein. Die Anfangskonzentration $c_{l,o}$ des Mn in der Schmelze ist mit der mittleren Mn-Konzentration des gesamten Gesteins identisch, die man noch gesondert bestimmen muß. Aus c_k und $c_{l,o}$ läßt sich dann b ermitteln. So zeigt die in der Abb. VI-7 dargestellte Verteilung im Zentrum des Olivins eine Mn-Konzentration c_k = 1 000 ppm. Das Nephelinit-Gestein, aus dem der Olivin stammt, hat eine durchschnittliche Mn-Konzentration $c_{l,o}$ = 1 600 ppm. Es ist also b = 0,63. Im Verlauf der Kristallisation war also die Mn-Konzentration des Olivins immer kleiner als die der Schmelze.

Die Abb. VI-8 zeigt als weiteres Beispiel für eine heterogene Verteilung den Konzentrationsverlauf von Mn in einem Granat, der bei der Metamorphose im Verlauf einer Reaktion entstanden ist. Der Form der Verteilungskurve entnimmt man, daß $\frac{1}{q\Sigma b_i p_i} < 1$ anzusehen ist, wenn man sich auf die Gleichung VI-5.d-10 bezieht. Legt man die Gleichung VI-5.d-19 zugrunde, ist $\frac{r}{q\Sigma b_i p_i} < 1$ anzusehen. Während der Kristallisation fand also eine Abnahme der Mn-Konzentration in der fluiden Phase und im Kristall statt. Die Verteilungskonstante ermittelt man wie im Fall des Olivins. Am Anfang der Kristallisation ist in der Beziehung VI-5.d-10 $G_k = 0$ und in der Gleichung VI-5.d-19 ist $G_l = G_{l,o}$. Beide Ausdrücke erhalten also nach Multiplikation mit den Verteilungskonstanten die Form $c_k = b\, c$. Es ist c_k die Mn-Konzentration im Zentrum des Kristalls und c ist der gesondert bestimmte, mittlere Mn-Gehalt des Gesteins, aus dem der Granat stammt.

Neben der glockenförmigen Verteilung beobachtet man an Granat auch Verteilungen wie sie in der Abb. VI-7 für Olivin dargestellt sind. Aus dieser Form geht hervor, daß die Mn-Konzentration während der Kristallisation in der fluiden Phase und im Kristallisat zugenommen hat. Die Tatsache, daß metamorph entstandene Granate aus verschiedenen Gesteinen entgegengesetzte Fraktionierungseffekte zeigen, ist kein Widerspruch, da auf der Basis der Gleichung VI-5.d-19 der Spurenelementeinbau bei konstanten Verteilungsfaktoren eine Funktion der Menge der fluiden Phase ist. Nimmt man an, daß in der Gleichung VI-5.d-19 der Ausdruck $\frac{r}{q\Sigma b_i p_i} < 1$ ist, resultiert eine glockenförmige Verteilung. Wenn dieser Ausdruck > 1 ist, muß dagegen eine sogenannte schüsselförmige Verteilung entstehen.

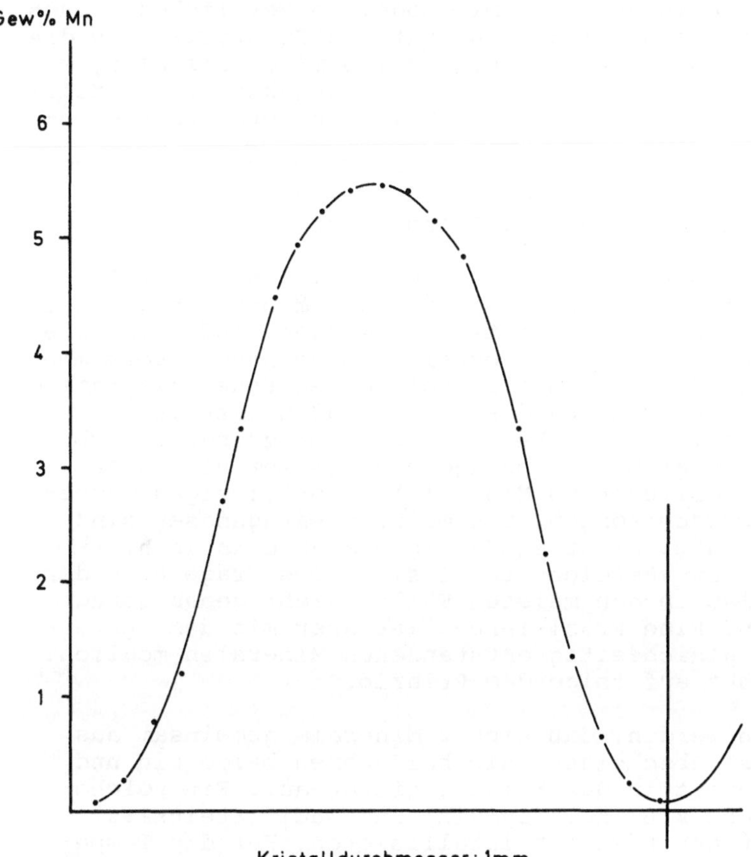

Abb. VI-8. Heterogene Verteilung von Mn in Granat (HOLLISTER, 1966). Der rechts der vertikalen Linie dargestellte Anstieg ist gelegentlich symmetrisch an beiden Seiten von glockenförmigen Verteilungen zu beobachten

Der Einfluß der Größe r auf die Fraktionierung erklärt auch, warum glockenförmige Mn-Verteilungen in Granat an der Peripherie des Kristalls gelegentlich wieder einen Anstieg zeigen. Ein derartiger Anstieg ist für eine Seite der Verteilungskurve in der Abb. VI-8 rechts von der vertikalen Linie dargestellt. Solche Verteilungen kommen dann zustande, wenn unter Bezug auf die Gleichung VI-5.d-19 der Ausdruck $\frac{r}{q\Sigma b_i p_i} < 1$ und darin zugleich auch $q\Sigma b_i p_i < 1$ ist. Im Verlauf der Kristallisation resultiert zunächst eine glockenförmige Verteilung weil das das zweite Glied von VI-5.d-19 negativ ist. Ist das Ausgangsmaterial verbraucht, ist diese Gleichung aber nicht mehr maßgebend, und die weitere Kristallisation muß nach der Gleichung II-4-12 beschrieben werden. Nach dieser Beziehung erhält man aber bei $q\Sigma b_i p_i < 1$ einen Anstieg der Konzentration mit fortschreitender Abscheidung. Die Umkehr des Kristallisationsverlaufs ist also auf einen Wechsel im Prinzip der Fraktionierung zurückzuführen.

Die erörterten Verteilungen sind mit Modellen verglichen worden, die für sphärisches Wachstum gelten. Hat man Kristalle, die die Kugelform nicht approximieren, z.B. nadelförmige Kristalle, muß man sich bei der Interpretation von Verteilungskurven auf Modelle beziehen, die die jeweiligen geometrischen Verhältnisse berücksichtigen.

7. Spurenelemente als geologische Thermometer

Bei vielen geowissenschaftlichen Problemen wird nach der Bildungstemperatur von bestimmten Gesteinen und Mineralen gefragt. Diese Frage kann prinzipiell beantwortet werden, indem man die Anzahl und die Art der in einem Gestein nebeneinander vorkommenden Minerale mit dem experimentell ermittelten Phasendiagramm vergleicht, das die Entstehung des betreffenden Gesteins beschreibt. Das Ergebnis dieses Vergleichs sieht grundsätzlich so aus, daß zwar einige Mineralparagenesen (= Anzahl und Art der nebeneinander vorliegenden Minerale) einer einzigen Temperatur zugeordnet werden können. Die meisten Paragenesen sind aber für die Temperatur nicht eindeutig charakteristisch, weil sie in einem Temperaturbereich stabil sind. Die Frage nach der Temperatur kann also in den meisten Fällen nicht genau genug beantwortet werden. Eine Präzisierung ist aber mit dem Spurenelementgehalt von gleichzeitig entstandenen Mineralen möglich. Das Verfahren beruht auf folgendem Prinzip.

Es soll angenommen werden, daß sich 2 Minerale gemeinsam aus einer fluiden Phase abscheiden. Hierbei nehmen beide ein und dasselbe Spurenelement in das Kristallgitter auf. Ein solcher Fall liegt vor, wenn z.B. KCl (Sylvin) und NaCl (Steinsalz) aus einer Br^--haltigen Lösung kristallisieren. Für die Temperaturabhängigkeit des Spurenelementeinbaus beim Mineral 1 ergeben die Gleichungen II-2-2 und IV-2-1 die Beziehung

$$\text{(VI-7-1)} \quad \log C_1 = \log x_{k1} f_{k1} - \log x_l f_l = \alpha_1 \frac{1}{T} + \beta_1 .$$

Für das Mineral 2 gilt in entsprechender Weise

$$\text{(VI-7-2)} \quad \log C_2 = \log x_{k2} f_{k2} - \log x_l f_l = \alpha_2 \frac{1}{T} + \beta_2 .$$

$\alpha_1, \alpha_2, \beta_1, \beta_2$: Konstanten.

Wenn beide Minerale in ein und derselben fluiden Phase entstanden sind, kann man die Gleichungen VI-7-1 und VI-7-2 über das Produkt $x_l f_l$ gleichsetzen. Die Kenntnis der Zusammensetzung der fluiden Phase spielt also keine Rolle. Bezieht man sich außerdem auf kleine Spurenkonzentrationen in den Kristallen, ist $f_{k1} \cong f_{k2} \cong 1$. Es resultiert also

$$\text{(VI-7-3)} \quad \log \frac{C_1}{C_2} = \log \frac{x_{k1}}{x_{k2}} = \alpha \frac{1}{T} + \beta .$$

α, β: Konstanten.

Diese Gleichung verknüpft das Verhältnis der Verteilungskonstanten und das Verhältnis der Spurenelementkonzentrationen der Minerale mit der Temperatur. Bei einer definierten Temperatur gilt

$$\frac{C_1}{C_2} = \frac{x_{k1}}{x_{k2}}. \quad \text{(VI-7-4)}$$

Das Verhältnis aus den Spurenelementkonzentrationen beider Minerale hat also bei einer bestimmten Temperatur einen bestimmten Wert. Dieser Wert entspricht dem Verhältnis aus den Verteilungskonstanten. Hat man nun den Quotienten C_1/C_2 experimentell als Funktion der Temperatur bestimmt, kann man anhand der chemisch-analytisch ermittelten Spurenelementgehalte der beiden Minerale die Bildungstemperatur angeben. Den Druck, der bei der Bildung der Minerale herrschte, braucht man bei diesem Verfahren nicht zu berücksichtigen solange die Konzentration der Spurenkomponente klein ist (s. Abschnitt IV-2).

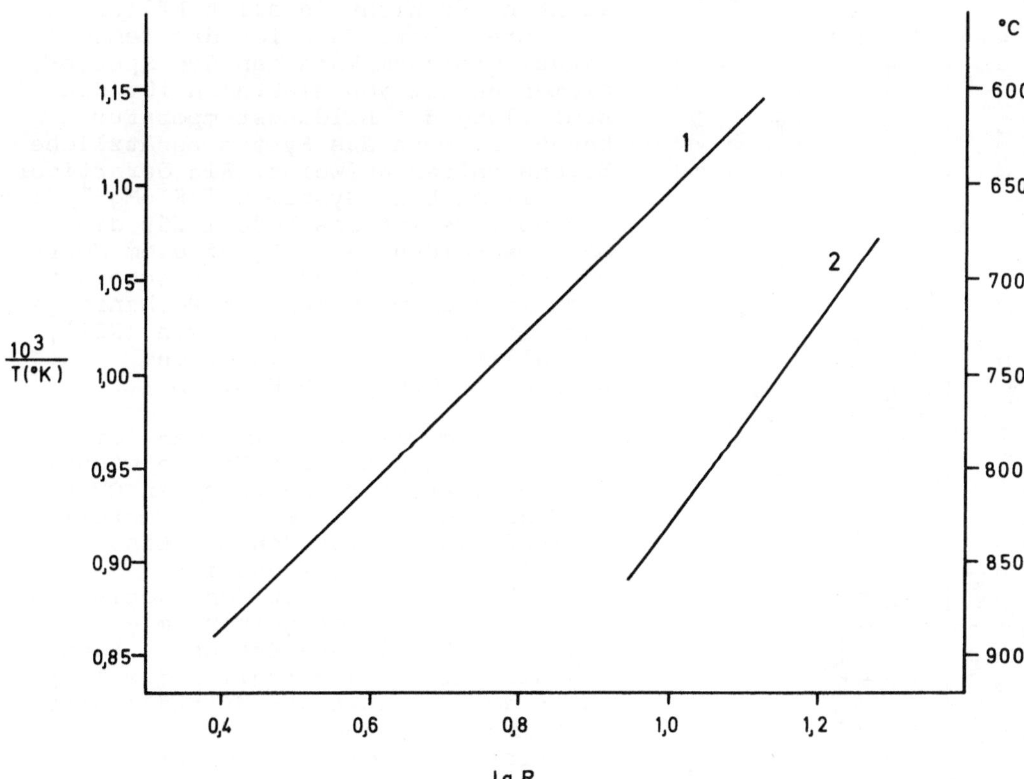

Abb. VI-9. Temperaturabhängigkeit des Quotienten der Verteilungsfaktoren für den Einbau von Cd und Mn in Wurtzit (ZnS) und Bleiglanz (PbS). *1*: $\lg R_{Cd} = 2{,}58 \cdot 10^3/T\ (^{o}K) - 1{,}83$; *2*: $\lg R_{Mn} = 1{,}89 \cdot 10^3/T\ (^{o}K) - o{,}74$; $R_{Cd} = x_{Cd,Wurtzit}/x_{Cd,\ Bleiglanz}$; $R_{Mn} = x_{Mn,Wurtzit}/x_{Mn,Bleiglanz}$; x: Molenbruch. (BETHKE und BARTON, 1971)

Die Abb. VI-9 zeigt die Temperaturabhängigkeit des Verhältnisses der Verteilungskonstanten für den Einbau von Cd^{2+} und Mn^{2+} anstelle von Zn^{2+} in ZnS (Wurtzit) sowie anstelle von Pb^{2+} in PbS (Bleiglanz). Bestimmt man z.B. aus den individuellen Cd-Gehalten von Wurtzit und Bleiglanz ein Cd-Verhältnis von R = 7,94 (lg R = 0,9), resultiert eine Bildungstemperatur von 672°C ($10^3/T$ (°K) = 1,058).

Bei dieser Methode zur Bestimmung der Bildungstemperatur von geologischen Objekten muß man darauf achten, daß die beiden Minerale tatsächlich gleichzeitig und nicht nacheinander entstanden sind. Ferner darf man für den Quotienten x_{k1}/x_{k2} nur solche Konzentrationen verwenden, die im Gültigkeitsbereich der Gleichung $x_k = C\ x_1$ liegen. Die Grenze des linearen Einbaus muß also ebenfalls experimentell bestimmt worden sein.

Das Verhältnis der Verteilungskonstanten ist nicht in allen Fällen eine brauchbare Funktion der Temperatur. Trotzdem kann man den Spurenelementgehalt von Mineralen für die Ermittlung der Bildungstemperatur benutzen, wenn das System zusätzliche Eigenschaften aufweist. Ein derartiger Fall liegt beim System Na^+-K^+-Mg^{2+}-Cl^--H_2O vor. Es ist das Modell für die Salzabscheidung aus SO_4^{2-}-freiem Meerwasser. Bei der Eindunstung scheiden sich in diesem System der Reihenfolge nach Steinsalz (NaCl), Sylvin (KCl), Carnallit ($KMgCl_3 \cdot 6\ H_2O$) und Bischofit ($MgCl_2 \cdot 6\ H_2O$) ab.

Der Tabelle VI-4 entnimmt man, daß in dem für geologische Fragen wichtigen Temperaturbereich zwischen 0° und 50°C das Verhältnis aus den Verteilungskonstanten für den Br^--Einbau in KCl und NaCl konstant ist ($b_{KCl}/b_{NaCl} = 10$). Mit den Quotienten der Br^--Gehalte von gemeinsam entstandenem Sylvin und Steinsalz kann man also nicht nachträglich die Temperatur am Zeitpunkt der Kristallisation bestimmen. Man kommt aber trotzdem zum Ziel, weil die Löslichkeit des Sylvin eine relativ große Temperaturabhängigkeit besitzt. Der Tabelle VI-4, Spalte 2, entnimmt man, daß von 1 000 g SO_4^{2-}-freiem Meerwasser bei 0° C am Beginn der KCl-Kristallisation nur noch 18,3 g Lösung vorhanden sind. Findet die Abscheidung bei 25°C

Tabelle VI-4. Einbau von Br^- in KCl (Sylvin) und NaCl (Steinsalz) am Anfang der Sylvin-Kristallisation. System: Na^+-K^+-Mg^{2+}-Cl^--H_2O (SO_4^{2-}-freies Meerwasser) (BRAITSCH und HERRMANN, 1964)

T(°C)	Gramm Lösung von ursprünglich 1 000 g Meerwasser bei beginnender KCl-Kristallisation	ppm Br^- in der Lösung	b_{KCl}	ppm Br^- in Sylvin	b_{NaCl}	ppm Br^- in Steinsalz
0	18,3	3 390	0,70	2 370	0,070	237
25	15,6	3 960	0,73	2 890	0,073	289
50	13,3	4 650	0,77	3 580	0,077	358

statt, sind bei beginnender Sylvin-Kristallisation von 1 000 g nur noch 15,6 g Lösung vorhanden. Die Sättigungskonzentration der Lösung beträgt also bei 25° das 18,3/15,6 = 1,17-fache gegenüber 0°C. Bei 25° muß man daher die Konzentration durch Verdunsten von Wasser um den Faktor 1,17 erhöhen, wenn sich KCl abscheiden soll. Hierbei erhöht sich die bei 0° vorliegende Br^--Konzentration ebenfalls um den Faktor 1,17 von 3 390 auf 3 960 ppm. Bei 0° hat der am Beginn der KCl-Abscheidung entstandene Sylvin also 0,70 · 3 390 = 2 370 ppm Br^-. Findet die Abscheidung bei 25° statt, beträgt der Br^--Gehalt 0,73 · 3 960 = 2 890 ppm. Die Abb. VI-10 zeigt die Br^--Konzentration der Sylvine zwischen 0° und 50°C.

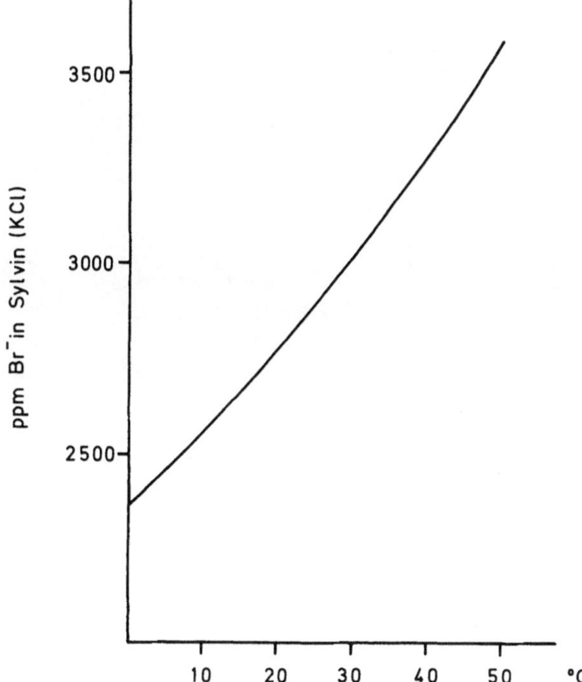

Abb. VI-10. Temperaturabhängigkeit des Br-Einbaus in Sylvin bei der Kristallisation aus $MgSO_4$-freiem Meerwasser (BRAITSCH und HERRMANN, 1964)

Bei diesem Verfahren ist darauf zu achten, daß man die Br^--Analysen ausschließlich an Sylvin durchführt, der sich unmittelbar an die NaCl-Kristallisation anschließt. Diesen Sylvin erkennt man daran, daß das mit ihm zusammen vorkommende NaCl einen 10-fach kleineren Br^--Gehalt hat. Bezieht man sich nicht auf Sylvin vom Beginn der Abscheidung, erhält man falsche Temperaturwerte. Dieser Effekt beruht darauf, daß sich Sylvin isotherm in einem bestimmten Konzentrationsintervall bildet, z.B. bei 0° zwischen 18,3 und 12,7 g Restlösung. Hierbei ändert er infolge der Anreicherung in der Lösung seine Br^--Konzentration von 2 370 ppm am Anfang auf 3 350 ppm am Ende der Kristallisation. Benutzt man diesen Sylvin zur Temperaturbestimmung, erhält man aus der Abb. VI-10 statt der wahren Bildungstemperatur von 0° eine Temperatur von 42°.

Mit dem Br^--Gehalt von Sylvin wurden in größerem Umfang die Bildungstemperaturen von Salzen des Oligozäns aus dem Oberrheintal bestimmt. Die gefundenen Temperaturen zeigen eine systematische und geologisch interpretierbare Variation von 10 - 50°C (BRAITSCH und HERRMANN, 1964).

VII. Lösungen der Aufgaben

Aufgabe 1 (Seite 9)

Aus der Löslichkeitsangabe und den Molekulargewichten von Wasser und NaCl ermittelt man zunächst das Molekulargewicht der Lösung nach

1 000 Mole H_2O	=	18 000 g
111 Mole NaCl	=	6 487,95 g
1 111 Mole Lösung	=	24 487,95 g
1 Mol Lösung	=	22,04 g

Durch Einsetzen des Verteilungsfaktors und der Molekulargewichte von NaCl und der Lösung in Gleichung II-3-4 erhält man

$$C = 0{,}16 \cdot \frac{58{,}45}{22{,}04} = 0{,}42.$$

Aufgabe 2 (Seite 15)

Für die Lösung benutzt man die Gleichungen II-4-12 und II-4-14. Es sind unmittelbar gegeben $G_{l,o}$, $c_{l,o}$ und b. Die außerdem erforderlichen Größen q und G_l müssen aus der Löslichkeit und den Angaben über das jeweilige Konzentrationsstadium ermittelt werden. Hierbei geht man folgendermaßen vor. Am Beginn der Kristallisation hat die gesättigte NaCl-Lösung die Zusammensetzung $G_{l,o}$ = x g NaCl + y g H_2O = 1 000 g. Mit Hilfe der Sättigungskonzentration $\frac{x \text{ g NaCl}}{y \text{ g } H_2O} = 0{,}36$ erhält man x = 264,7 und y = 735,3. Um 25% des gelösten NaCl zu kristallisieren, muß man auch 25% des Wassers verdunsten. Die aus der Lösung entfernte NaCl-Menge ist also G_k = 0,25 x = 66,2 g. Das Gewicht des verdunsteten Wassers ist G_{H_2O} = 0,25 y = 183,8 g. Die Menge der Restlösung ist also $G_l = G_{l,o} - G_k - G_{H_2O}$ = 1 000 - 66,2 - 183,8 = 750 g. Für die Berechnung von q verwendet man die Beziehung II-4-6. Es ist $q = \frac{G_k}{G_{l,o} - G_l} = \frac{66{,}2}{1\,000 - 750} = 0{,}2648$. Hiermit erhält man qb = 0,2648 · 0,16 = 0,0424 und qb - 1 = - 0,9576. Wenn 25% des NaCl abgeschieden sind, ist also c_l = 132 ppm Br^-. Die Multiplikation mit b = 0,16 ergibt c_k = 21 ppm Br^-. Werden 50% des Salzes abgeschieden, erhält man c_l = 194 ppm und c_k = 31 ppm. Wenn 75% auskristallisiert sind, bekommt man c_l = 377 ppm und c_k = 60 ppm.

Anstelle dieser ausführlichen Lösung kann man auch einen kürzeren Weg zur Ermittlung von $G_l/G_{l,o}$ und q einschlagen. Wenn der

Anteil x des ursprünglich gelösten NaCl kristallisiert ist, hat sich die Menge der Anfangslösung auch um den Anteil x erniedrigt. Es ist also $G_1 = G_{1,o} - x\,G_{1,o}$ und $G_1/G_{1,o} = 1 - x$. Die Löslichkeit des NaCl ist L = g NaCl/g H_2O = 0,36. Der Faktor q_{NaCl} ist der Quotient aus den Mengen des Kristallisats und der entfernten Lösung. Es ist also $q_{NaCl} = L/(1 + L)$. Für den Anteil des verdunsteten Wassers erhält man $q_{H_2O} = 1/(1 + L)$.

Aufgabe 3 (Seite 15)

Für die Berechnung von c_1, c_{NaCl} und c_{KCl} werden die Gleichungen II-4-28, II-4-29 und II-4-30 verwendet. Unmittelbar gegeben sind $G_{1,o}$, $c_{1,o}$, b_{NaCl} und b_{KCl}. Die Größen G_1, q, p_{NaCl} und p_{KCl} müssen aus den Angaben über das Eindunstungsstadium und die Sättigungskonzentration ermittelt werden. Hierbei geht man wie in Aufgabe 2 vor. Es ist $G_{1,o}$ = x g NaCl + y g KCl + z g H_2O = 1 000 g sowie x g NaCl/z g H_2O = 0,298 und y g KCl/z g H_2O = 0,161. Hiermit erhält man x = 204,2, y = 110,3 und z = 685,5. Wenn 25% des gelösten NaCl kristallisiert sind, wurden aus der Lösung entfernt G_{NaCl} = 0,25 x = 51,0 g, G_{KCl} = 0,25 y = 27,6 g und G_{H_2O} = 171,4 g. Es ist also $G_1 = G_{1,o} - G_{NaCl} - G_{KCl} - G_{H_2O}$ = 750 g. Mit der Gleichung II-4-22 erhält man $q = \frac{G_{NaCl} + G_{KCl}}{G_{1,o} - G_1} = 0{,}3144$. Die Beziehungen II-4-25 und II-4-26 liefern p_{NaCl} = 0,649 und p_{KCl} = 0,351. Hiermit resultiert $(q(b_{NaCl}\,p_{NaCl} + b_{KCl}\,p_{KCl}) - 1) =$ − 0,8832.

Wenn 25% des gelösten NaCl abgeschieden sind, ist c_1 = 129 ppm Br^-, c_{NaCl} = 0,14 · 129 = 18 ppm Br^- und c_{KCl} = 0,80 · 129 = 103 ppm Br^-. Für 50% des abgeschiedenen NaCl erhält man c_1 = 184 ppm Br^-, c_{NaCl} = 26 ppm, c_{KCl} = 147 ppm. Wenn 75% auskristallisiert sind, resultiert c_1 = 340 ppm Br^-, c_{NaCl} = 48 ppm, c_{KCl} = 272 ppm.

In Analogie zu Aufgabe 2 existiert auch hier neben der ausführlichen Lösung ein einfacherer Weg. Es ist wieder $G_1/G_{1,o} = 1 - x$, wenn x der Anteil der entfernten Lösungsmenge ist. Die Sättigungskonzentration der Lösung ist $L = L_{NaCl} + L_{KCl}$ = 0,298 + 0,161 = 0,459. Für den Anteil beider Salze an der Gesamtabscheidung erhält man $q_{NaCl + KCl} = L/(1 + L)$. Ferner ist $q_{NaCl} = L_{NaCl}/(1 + L)$, $q_{KCl} = L_{KCl}/(1 + L)$ und $q_{H_2O} = 1/(1 + L)$. Die Anteile von NaCl und KCl am Kristallisat sind $p_{NaCl} = L_{NaCl}/L$ und $p_{KCl} = L_{KCl}/L$.

Aufgabe 4 (Seite 20)

Für die Berechnung werden die Gleichungen II-4-12 und II-4-14 benutzt. Es ist $G_{1,o}$ = 30 g NaCl + 970 g H_2O und $c_{1,o}$ = 10 ppm Br^-. Bei Erreichen der Sättigungskonzentration beträgt die noch vorhandene H_2O-Menge 30/0,36 = 83,3 g. Die Menge der Lösung ist also G_1 = 30 g NaCl + 83,3 g H_2O = 113,3 g. Da keine Kristalle gebildet wurden, ist qb = 0. Die Gleichung II-4-12 nimmt daher die Form an $c_1 = c_{1,o} \cdot \frac{G_{1,o}}{G_1}$. Durch Einsetzen der Zahlenwerte erhält man c_1 = 88,3 ppm Br^-. Die Br^--Konzentration ist also durch Verdunsten des Wassers linear von 10 auf 88,3 ppm angestiegen (s. Abb. II-7). Bei der weiteren Verdunstung bilden sich Kristalle. Da b < 1 ist, reichert sich das Br^- in der Lösung an. Diese Konzentrationszunahme wird graphisch in der doppelt logarithmischen Darstellung ab $G_l/G_{l,o} = 0{,}1133$ durch eine neue Gerade mit einer Steigung dargestellt, die sich von 45° unterscheidet. Bei der weiteren Berechnung gelten also die neuen Anfangswerte $c_{l,o} = 88{,}3$ ppm Br^- und $G_{l,o} = 113{,}3$ g Lösung. Wenn 25% des gelösten NaCl kristallisiert sind, hat sich die Menge der Lösung um $0{,}25 \cdot G_{l,o} = 28{,}3$ g auf $G_l = G_{l,o} - 0{,}25\ G_{l,o} = 0{,}75\ G_{l,o} = 85{,}0$ g erniedrigt. Unter Verwendung des bereits in der Aufgabe 2 berechneten Exponenten $qb - 1$ erhält man $c_l = 116$ ppm und $c_k = 0{,}16 \cdot 116 = 19$ ppm Br^-. Nach Abscheiden von 50% und 75% des NaCl liegen in der Lösung Br^--Konzentrationen von 171 und 333 ppm vor. Die zugehörigen Konzentrationen c_k betragen 27 und 53 ppm Br^-.

Tabelle 1, Aufgabe 5 (Lösung)

1	2	3	4	5	6	7	8
r(cm)	G_k	F ($G_{l,o}$ = 100)	F ($G_{l,o}$ = 50)	c_l ($G_{l,o}$ = 100)	c_l ($G_{l,o}$=50)	c_k ($G_{l,o}$ = 100)	c_k ($G_{l,o}$ = 50)
0,2	0,0737	0,9972	0,9944	1003	1005	160	161
0,4	0,5898	0,9777	0,9555	1022	1045	163	167
0,6	1,9905	0,9248	0,8497	1078	1169	172	187
0,8	4,7183	0,8218	0,6436	1207	1525	193	244
1,0	9,2153	0,6520	0,3040	1506	3128	241	500

Aufgabe 5 (Seite 21)

Für die Berechnung des Konzentrationsverlaufs im Kristall werden die Gleichungen II-4-15 und II-4-16 benutzt. Es sind bekannt $c_{l,o}$, $G_{l,o}$ und b. Der Faktor q und der Exponent $q \cdot b - 1$ werden anhand der Löslichkeitsdaten ermittelt (s. Aufgabe 2, Lösung). Die dem jeweiligen Radius des Kristalls (Spalte 1 der Tabelle) entsprechende Kristallmenge (Spalte 2) berechnet man nach $G_k = V\rho = 4/3\ \pi r^3 \rho$. Hiermit ermittelt man den Faktor $F = 1 - \frac{G_k}{q\ G_{l,o}}$ (Spalte 3 für $G_{l,o} = 100$ g, Spalte 4 für $G_{l,o} = 50$ g). Anschließend werden die Konzentrationen c_l und c_k berechnet (Spalten 5-8). Das Ergebnis zeigt, daß die Konzentration c_k bei 100 g Anfangslösung anders verläuft als bei 50 g Anfangslösung. Gleich große Kristalle, die aus unterschiedlichen Mengen von fluiden Phasen gleicher Anfangskonzentration abgeschieden werden, haben also unterschiedliche Spurenelementverteilungen.

Aufgabe 6 (Seite 21)

Es sind bekannt $G_k = 5$ g, $G_{l,o} = 1\,000$ g, $c_{l,o} = 10$ ppm und $b = 10{,}9$. Den Wert für G_l, der wegen der Zugabe von Lösungen > 1000 g werden muß, berechnet man folgendermaßen: die Bildung von $BaSO_4$ erfolgt nach der Reaktion $BaCl_2 + Na_2SO_4 \rightleftharpoons BaSO_4 + 2\ NaCl$. Für die Abscheidung von $G_k = 5$ g $BaSO_4$ benötigt man je 0,0214 Mole $BaCl_2$ und Na_2SO_4. Bei der Fällung mit 0,1 m Lösungen muß man daher zu $G_{l,o} = 1\,000$ g Abwasser 0,0214 Mole $BaCl_2$ + 214 g H_2O und 0,0214 Mole Na_2SO_4 + 214 g H_2O hinzufügen. Hiervon sind nach der Fällung noch vorhanden

2 · 0,0214 Mole = 2,5 g NaCl + 2 · 214 g H_2O. Es ist also G_l = 1 000 + 2 · 214 + 2,5 = 1 430,5 g. Aus der Gleichung II-4-6 erhält man q = - 0,0116. Hiermit resultiert q · b = - 0,1264 und (qb - 1) = - 1,1264. Mit der Gleichung II-4-12 erhält man für die Pb^{2+}-Konzentration der Lösung nach der Fällung c_l = 6,7 ppm. Die NaCl-Konzentration der Lösung G_l ist 2,5/1 430,5 oder 0,17%. Führt man die Abscheidung mit 0,01 m Lösungen durch, muß man zu 1 000 g Abwasser 0,0214 Mole $BaCl_2$ + 2 140 g H_2O und 0,0214 Mole Na_2SO_4 + 2 140 g H_2O hinzufügen. Hiervon sind nach der Fällung noch vorhanden 2 · 0,0214 Mole = 2,5 g NaCl + 2 · 2 140 g H_2O. In diesem Fall ist G_l = 1 000 + 2 · 2 140 + 2,5 = 5 282,5 g, q = - 0,00117, qb = - 0,0128, (qb - 1) = - 1,0128. Hiermit erhält man c_l = 1,9 ppm und c_{NaCl} = 2,5/5 282,5 oder 0,05%.

Aufgabe 7 (Seite 24)

Zur Berechnung von $\bar{c}_k$ wird die Gleichung II-6-4 oder II-6-5 benutzt. Der Aufgabe 2 entnimmt man die Daten für $c_{l,o}$, q · b und qb - 1. Für 25, 50 und 75% des abgeschiedenen NaCl ist G_l 750, 500 und 250 g. Die mittleren Konzentrationen des Kristallisats sind 18,3, 21,9 und 28,7 ppm Br^-. Die Berechnung von R erfolgt nach II-6-6. Man erhält die Werte 0,1390, 0,1125 und 0,0762.

Die Konzentrationen für die Bereiche der Abscheidung von 25-50%, 50-75% und 25-75% NaCl erhält man ebenfalls nach II-6-4. Die jeweils in die Gleichung einzusetzenden Werte für $G_{l,o}$, G_l und $c_{l,o}$ entnimmt man wieder der Aufgabe 2. Sie sind zusammen mit den Resultaten in der nachfolgenden Tabelle aufgeführt.

Bereich	$G_{l,o}$ (g)	G_l (g)	$c_{l,o}$ (ppm)	$\bar{c}_k$ (ppm)
25-50%	750	500	132	25,5
50-75%	500	250	194	42,4
25-75%	750	250	132	34,0

Aufgabe 8 (Seite 24)

Zur Berechnung von $\bar{c}_{NaCl}$ und $\bar{c}_{KCl}$ werden die Gleichungen II-6-7 und II-6-8 verwendet. Die erforderlichen Daten entnimmt man der Aufgabe 3. Es sind $q(b_{NaCl}\, p_{NaCl} + b_{KCl}\, p_{KCl})$ = 0,1168, $G_{l,o}$ = 1 000 g, G_l = 500 g und $c_{l,o}$ = 100 ppm. Hiermit erhält man $\bar{c}_{NaCl}$ = 18,6 ppm und $\bar{c}_{KCl}$ = 106,5 ppm. Für die Trennfaktoren resultiert nach II-6-9 R_{NaCl} = 0,1010 und R_{KCl} = 0,5776.

Aufgabe 9 (Seite 28)

Für die Berechnung der Durchschnittskonzentration wird Gleichung II-6-4 verwendet. Wenn sich die abgeschiedene NaCl-Menge von 50 auf 51% erhöht, hat sich die Menge der Lösung von 500 g auf 490 g erniedrigt. Es ist also $G_{l,o}$ = 500, G_l = 490. Ferner ist $c_{l,o}$ = 194 ppm. Das ist die Br^--Konzentration, die man in Aufgabe 2 erhält, wenn 50% des NaCl kristallisiert sind. Mit diesen Daten sowie mit den Werten für q und qb aus Aufgabe 2 erhält man $\bar{c}_k$ = 43 ppm Br^-.

Die Menge der Lösung beträgt am Anfang der Kristallisation 264,7 g NaCl + 735,3 g H_2O = 1 000 g (das hierin enthaltene Br^-, 100 ppm, wird vernachlässigt). Wenn sich die Menge des abgeschiedenen NaCl von 50 auf 51% ändert, sind 1% des gesamten NaCl oder 2,647 g abgeschieden worden. In der Zone eines einzelnen Kristalls sind also $2{,}647 \cdot 10^{-3}$ g NaCl. Die mittlere Br^--Konzentration ist 43 ppm oder 43 mg Br^-/1 000 g NaCl. Hieraus erhält man für die in 2,647 g NaCl vorhandene Br^--Menge 0,114 mg. In der Zone eines einzelnen Kristalls sind enthalten $0{,}114 \cdot 10^{-3}$ mg Br^-.

Aufgabe 10 (Seite 31)

Wenn 75% des NaCl abgeschieden sind, hat die Lösung die Konzentration c_l = 377 ppm. Die mittlere Konzentration des Kristallisats ist $\bar{c}_{NaCl}$ = 28,7 ppm (s. Aufgabe 2 und 7). Nach der Umkristallisation muß das Verhältnis $c_{NaCl}/c_l = b = 0{,}16$ sein. Da vor der Umkristallisation $\bar{c}_{NaCl}/c_l = 0{,}076$ ist, muß das Kristallisat Br^- aufnehmen und die Lösung an Br^- verarmen. Es gilt also

$$\frac{\bar{c}_{NaCl} + c_x}{c_l - c_x} = b = 0{,}16.$$

Die Auflösung ergibt c_x = 27,3. Nach der Umkristallisation ist also c_{NaCl} = 28,7 + 27,3 = 56 ppm und c_l = 377 - 27,3 = 349,7 ppm.

Aufgabe 11 (Seite 32)

Nach der Abscheidung von 50% des NaCl ist die Konzentration der Lösung c_l = 184 ppm. Die mittleren Konzentrationen der Festkörper sind $\bar{c}_{NaCl}$ = 18,6 ppm und $\bar{c}_{KCl}$ = 106,5 ppm (s. Aufgaben 3 und 8). Da die Verhältnisse $\bar{c}_{NaCl}/c_l = 0{,}102$ und $\bar{c}_{KCl}/c_l = 0{,}579$ kleiner als die Verteilungskonstanten $b_{NaCl} = 0{,}14$ und $b_{KCl} = 0{,}80$ sind, muß die Lösung an beide Festkörper Br^- abgeben. Es ist

$$\frac{\bar{c}_{NaCl} + c_1}{c_l - c_1 - c_2} = b_{NaCl} \quad \text{und} \quad \frac{\bar{c}_{KCl} + c_2}{c_l - c_1 - c_2} = b_{KCl}.$$

Die Auflösung ergibt c_1 = 3,7 und c_2 = 21. Nach der Umkristallisation ist also c_{NaCl} = 18,6 + 3,7 = 22,3 ppm, c_{KCl} = 106,5 + 21 = 127,5 ppm und c_l = 184 - 3,7 - 21 = 159,3 ppm.

Aufgabe 12 (Seite 32)

Für die Berechnung von c_l und c_k^T werden die Gleichungen II-8-3 und II-8-4 benutzt. Der Aufgabe 2 entnimmt man q = 0,2648, b = 0,16, $G_l/G_{l,o}$ = 0,25, $c_{l,o}$ = 100 ppm Br^-. Hiermit erhält man c_l = 354,9 ppm und c_k^T = 56,8 ppm Br^-.

Aufgabe 13 (Seite 36)

Für die Berechnung muß man die Beziehungen II-3-1 und III-3 vergleichen. Die Gleichung II-3-1 lautet nach der Umstellung

$C = \frac{n_k \cdot M_l}{n_l \cdot M_k}$. Bezeichnet man in III-3 die Mole des ersetzbaren Elements (Ra^{2+} bzw. K^+) als N erhält man $D = \frac{n_k \cdot N_l}{n_l \cdot N_k}$. Hiermit resultiert $\frac{C}{D} = \frac{N_k}{M_k} \cdot \frac{M_l}{N_l} = \frac{X_k}{X_l}$. Das Verhältnis aus den Verteilungskonstanten entspricht also dem Quotienten der Molenbrüche von K^+ im Kristall und in der Lösung. Es ist

$$X_k = \frac{N_k}{M_k} = \frac{1 \text{ Mol } K^+}{1 \text{ Mol KCl}} = 1 \quad \text{und} \quad X_l = \frac{N_l}{M_l} =$$

$$\frac{97 \text{ Mole } K^+}{97 \text{ Mole KCl} + 1\,000 \text{ Mole } H_2O} = 0{,}0884.$$ Hiermit erhält man

$$C = \frac{0{,}099}{0{,}0884} = 1{,}12.$$

Aufgabe 14 (Seite 53)

1. Grenzfall mit heterogenen Kristallen

Zuerst ermittelt man aus der Löslichkeit $q_{NaCl} = 0{,}2752$ (s. Aufgabe 2). Hiermit erhält man $q \cdot b = 0{,}05504$. Es ist ferner $q_{H_2O} = 0{,}7248$. Da die Ausgangszusammensetzung in der Fraktion II/2 erreicht werden soll, berechnet man die Ausbeutefaktoren und den Trennschritt mit der Gleichung V-2-4 und der modifizierten Form von V-1-2 $a_l = \left(\frac{G_l}{G_{l,o}}\right)^{q \cdot b}$. Es resultiert $a_l = 0{,}887$, $a_k = 0{,}113$ und $G_l/G_{l,o} = 0{,}113$. Die Br^--Konzentrationen der Endprodukte erhält man, indem die Gleichung V-2-8 und die modifizierte Form von V-2-9 $\bar{c}_k = \left(\frac{1 - a_l}{q_{NaCl}\left(1 - \frac{G_l}{G_{l,o}}\right)}\right)^z \cdot c_{l,o}$ für verschiedene Werte von z gelöst wird. Hierbei ist für $c_{l,o}$ die Br^--Konzentration der gesättigten Lösung des Rohstoffs einzusetzen. Es ist $c_{l,o} = q_{NaCl} \cdot c_{Rohstoff} = 0{,}2752 \cdot 200 = 55$ ppm. Die Auflösung der Gleichungen mit $z = 2$ ergibt $\bar{c}_k = 12$ ppm und $c_l = 3\,389$ ppm Br^-. Um ein festes Endprodukt von < 15 ppm und eine Lösung von > 3 000 ppm zu erhalten, muß man also bis zur zweiten Zeile des Binominalschemas trennen.

Die Ausbeute A_l des ganzen Systems ist beim Erreichen der 1. Wiederholung der Ausgangszusammensetzung entsprechend Gleichung V-2-10

$$A_l = \frac{a_l^2}{a_l^2 + a_k^2 + 2a_l\, a_k} \cdot 100 = 78{,}7\%.$$

Für die Ausbeute A_k erhält man durch sinngemäße Anwendung von Gleichung V-2-11

$$A_k = \frac{a_k^2}{a_l^2 + a_k^2 + 2a_l\, a_k} \cdot 100 = 1{,}3\%.$$

Wird das Verfahren unendlich fortgesetzt, bekommt man entsprechend V-2-12 und V-2-13

$$A_l = \frac{a_l^2}{a_l^2 + a_k^2} \cdot 100 = 98{,}4\ \% \quad \text{und} \quad A_k = \frac{a_k^2}{a_l^2 + a_k^2} \cdot 100 = 1{,}6\%.$$

Die Prozentanteile der Endprodukte vom Rohstoff bei unendlich fortgeführtem Verfahren erhält man durch sinngemäße Benutzung von V-2-12 und V-2-13. Der Anteil des Salzes als festes Endprodukt ist

$$\frac{\left(1 - \frac{G_l}{G_{l,o}}\right)^2}{\left(1 - \frac{G_l}{G_{l,o}}\right)^2 + \left(\frac{G_l}{G_{l,o}}\right)^2} \cdot 100 = 98{,}4\%.$$

Der Anteil des gelösten Salzes ist

$$\frac{\left(\frac{G_l}{G_{l,o}}\right)^2}{\left(1 - \frac{G_l}{G_{l,o}}\right)^2 + \left(\frac{G_l}{G_{l,o}}\right)^2} \cdot 100 = 1{,}6\%.$$

Bei der Ermittlung des relativen Anteils der in einem Wiederholungsschritt verdunsteten Wassermenge geht man davon aus, daß diese Wassermenge stets der Menge des Kristallisats proportional ist. Wenn die Fraktion O/1 des Binominalschemas in I/1 und I/2 zerlegt wird, ist also der Anteil des verdunsteten Wassers an der Menge des in O/1 vorhandenen Wassers $(1 - G_l/G_{l,o})$. Der Fraktion I/2 muß zur weiteren Trennung wieder soviel Wasser zugefügt werden bis eine gesättigte Lösung entsteht. Beim Zerlegen von I/2 in II/2 und II/3 ist der Anteil des verdunsteten Wassers bezogen auf die ursprüngliche Wassermenge in O/1 $\left(1 - \frac{G_l}{G_{l,o}}\right)^2$. Zerlegt man noch I/1 in II/1 und II/2, ist der Anteil des hierbei verdunsteten Wassers bezogen auf die Fraktion O/1

$$\frac{G_l}{G_{l,o}} \left(1 - \frac{G_l}{G_{l,o}}\right).$$

Die Menge des gesamten verdunsteten Wassers bezogen auf eine Wassermenge 1 in O/1 beträgt also

$$\left(1 - \frac{G_l}{G_{l,o}}\right) + \left(1 - \frac{G_l}{G_{l,o}}\right)^2 + \frac{G_l}{G_{l,o}} \left(1 - \frac{G_l}{G_{l,o}}\right) = 2 \left(1 - \frac{G_l}{G_{l,o}}\right).$$

In II/3 beträgt die Menge des festen Endprodukts bezogen auf die Wassermenge O/1

$$\frac{q_{NaCl}}{q_{H_2O}} \left(1 - \frac{G_l}{G_{l,o}}\right)^2.$$

Das Verhältnis von verdunstetem Wasser zum festen Endprodukt ist also

$$\frac{q_{H_2O}}{q_{NaCl}} \; \frac{2}{\left(1 - \frac{G_l}{G_{l,o}}\right)} = \frac{0{,}7248 \cdot 2}{0{,}2752 \cdot 0{,}887} = 5{,}94.$$

In einem Wiederholungsschritt beträgt also die verdunstete Wassermenge das 5,94-fache der Menge des festen Endprodukts.

2. Abscheidung mit gleichzeitiger Rekristallisation

Für die Berechnung der Ausbeutefaktoren und des Trennschritts werden die Gleichungen V-2-4 und V-2-7 benutzt. Es sind $a_l = 0{,}81$, $a_k = 0{,}19$ und $G_l/G_{l,o} = 0{,}19$. Die Konzentrationen der Endprodukte sind $\bar{c}_k = 13$ ppm (z = 9) und $c_l = 4\ 261$ (z = 3). Das feste Endprodukt wird also in der 9. Zeile des Binominalschemas abgetrennt. Die Lösung erhält man bereits in der 3. Zeile. Bei unendlicher Fortsetzung des Verfahrens erhält man

$$A_l = \frac{a_l^3}{a_l^3 + a_k^9} \cdot 100 > 99{,}99\% \quad \text{und}$$

$$A_k = \frac{a_k^9}{a_l^3 + a_k^9} \cdot 100 < 0{,}01\%.$$

Vertauscht man A_l und A_k, erhält man den Anteil der in den Endprodukten befindlichen Salzmenge am Rohstoff.

Aufgabe 15 (Seite 53)

Um die Endzeile n des Kristallisierschemas für $A_l = 0{,}95$ zu ermitteln, löst man die der Gleichung V-2-10 entsprechende Beziehung

$$A_l = \frac{n\ a_l^2}{n(a_l^2 + a_k^2) + 2\ a_l\ a_k}$$

nach n auf. Mit den der Aufgabe 14 (Lösung) entnommenen Werten für a_l und a_k erhält man dann n = 7. Wenn man also bis zur Zeile 7 des Kristallisierschemas fortgeschritten ist, sind 95% der Spurenkomponente in der fluiden Phase. Um die Ausbeute A_k der festen Substanz zu berechnen, löst man für n = 7 die Gleichung

$$A_k = \frac{n\ a_k^2}{n(a_l^2 + a_k^2) + 2\ a_l\ a_k}.$$

Es resultiert $A_k = 0{,}0154$. Die feste Phase enthält also am Ende des Verfahrens 1,54% der Spurenkomponente. In der letzten, mittleren Fraktion des Kristallisierschemas (= Fraktion II/2 des Binominalschemas) sind 3,46% der Spurenkomponente.

Den Ausführungen zur Lösung von Aufgabe 14 entnimmt man sinngemäß, daß die Menge des festen Endprodukts 95% der festen Ausgangsmenge oder 950 g beträgt. Diese Menge wurde in insgesamt 7 Fraktionen erhalten. Eine Fraktion enthält also 135,71 NaCl. Das ist das 0,787-fache der Ausgangsmenge des Salzes in der Fraktion O/1 des Binominalschemas. Die NaCl-Menge dieser Fraktion beträgt also 135,71/0,787 = 172,44 g. Man stellt also für die Fraktion O/1 des Binominalschemas aus 172,44 g Salz eine gesättigte Lösung her und beginnt hiermit die Kristallisation.

In der ersten Wiederholungsfraktion (II/2) sind enthalten das $2 \frac{G_1}{G_{1,o}} (1 - \frac{G_1}{G_{1,o}})$-fache der Salzmenge von Fraktion O/1 oder 0,20 · 172,44 ≙ 34,49 g. Zu jeder Wiederholungsfraktion muß also eine Salzmenge von 172,44 - 34,49 = 137,95 g hinzugefügt werden.

Nach Aufgabe 14 (Lösung) beträgt die in einem Wiederholungsschritt verdunstete Wassermenge das 5,94-fache der Menge des in diesem Schritt erhaltenen Endprodukts. Da die Summe der festen Endprodukte aus allen Schritten 950 g ist, wurden 5,94 · 950 = 5 643 g Wasser verdunstet.

Literaturauswahl

BAAR, A.: Untersuchungen des Bromgehalts im Zechsteinsalz. Auswertung des "Bromtests" bei Aufschlußarbeiten im Kalibergbau. Bergbautechnik 4, 284 (1954).

BAAR, A.: Zur stratigraphischen Orientierung im Kalibergbau durch den Bromtest. Bergbautechnik 5, 40 (1955).

BETHKE, P.M., BARTON, P.B.: Distribution of some minor elements between coexisting sulfide minerals. Economic Geology 66, 140 (1971).

BOEKE, H.E.: Über das Kristallisationsschema der Chloride, Bromide, Jodide von Natrium, Kalium und Magnesium, sowie über das Vorkommen des Broms und das Fehlen von Jod in den Kalisalzlagerstätten. Z. Krist. 45, 346 (1908).

BRAITSCH, O.: Entstehung und Stoffbestand der Salzlagerstätten. Berlin-Göttingen-Heidelberg: Springer 1962.

BRAITSCH, O., HERRMANN, A.G.: Zur Geochemie des Broms in salinaren Sedimenten. Teil I: Experimentelle Bestimmung der Br-Verteilung in verschiedenen natürlichen Salzsystemen. Geochim. Cosmochim. Acta 27, 361 (1963).

BRAITSCH, O., HERRMANN, A.G.: Zur Geochemie des Broms in salinaren Sedimenten. Teil II: Die Bildungstemperaturen primärer Sylvin- und Carnallitgesteine. Geochim. Cosmochim. Acta 28, 1081 (1964).

BURTON, J.A., PRIM, R.C., SLICHTER, W.P.: The distribution of solute in crystals grown from the melt. Part I. Theoretical. J. Chem. Phys. 21, 1987 (1953).

CHLOPIN, W.: Beitrag zur Kenntnis der fraktionierten Kristallisation radioaktiver Stoffe, samt dem Versuche einer Theorie dieses Vorgangs. I. Mitteilung. Z. anorg. allg. Chemie 143, 97 (1925).

CHLOPIN, W., NIKITIN, B.: Beitrag zur Kenntnis der fraktionierten Kristallisation radioaktiver Stoffe, nebst dem Versuche einer Theorie dieses Vorgangs. II. Mitteilung. Z. anorg. allg. Chem. 166, 311 (1927).

CHLOPIN, W., POLESSITZSKY, A.: Beitrag zur Kenntnis der fraktionierten Kristallisation radioaktiver Stoffe. III. Mitteilung. Die Verteilung des Radiums zwischen festem kristallinischem $BaCl_2 \cdot 2\ H_2O$ und seiner gesättigten wäßrigen Lösung bei $t^o = 0^o$ und bei $t^o = 35^o$. Z. anorg. allg. Chem. 172, 310 (1928).

CHLOPIN, W., POLLESSITZSKY, A., TOLMATSCHEFF, P.: Über die Verteilung der radioaktiven Stoffe zwischen fester kristallinischer und flüssiger Phase. IV. Die Verteilung des Radiums zwischen festem kristallinischem Bariumnitrat und seiner gesättigten wäßrigen Lösung bei $t = 0^o$ und $t = 25^o$. Z. phys. Chemie. 145, Abt. A, 57 (1929).

DOERNER, H.A., HOSKINS, W.M.: Co-precipitation of radium and barium sulfates. J. Am. Chem. Soc. 47, 662 (1925).

GRAMSE, M.: Unveröffentlicht. Göttingen: Geochemisches Institut (1973).

HENDERSON, L.M., KRACEK, F.C.: The fractional precipitation of barium and radium chromates. J. Am. Chem. Soc. 49, 738 (1927).

HOLLISTER, L.S.: Garnet zoning: an interpretation based on the Rayleigh fractionation model. Science 154, 1647 (1966).

KÜHN, R.: Über den Bromgehalt von Salzgesteinen, insbesondere die quantitative Ableitung des Bromgehalts nicht-primärer Hartsalze oder Sylvinite aus Carnallit. Kali u. Steinsalz 9, 3 (1955).

McINTIRE, W.L.: Trace element partition coefficients - a review of theory and applications to geology. Geochim. Cosmochim. Acta 27, 1209 (1963).

MUMBRAUER, R.: Über die Gesetzmäßigkeiten bei der Abscheidung kleinster Substanzmengen unter Mischkristallbildung. Z. phys. Chem. Abt. A, 156, 113 (1931).

NERNST, W.: Verteilung eines Stoffes zwischen zwei Lösungsmitteln und zwischen Lösungsmittel und Dampfraum. Z. phys. Chem. 8, 110 (1891).

PFANN, W.G.: Zone melting, 2nd Ed. John Wiley Inc. 1966.

POLESSITSKY, A.: Distribution of radioactive elements between liquid and crystalline phases. Distribution of radium between a solution and crystals of $BaCl_2$ in the presence of HCl. C.R. Akad. Sci. SSSR 2, 483 (1934).

RAYLEIGH: On the distillation of binary mixtures. Philosophical Magazine and Journal of Science (6th series) 4, 521 (1902).

SCHILDKNECHT, H.: Zonenschmelzen. Verlag Chemie 1964.

SCHNEIDER, A.: Unveröffentlicht. Göttingen: Geochemisches Institut 1973.

SHAW, D.M.: Trace element fractionation during anatexis. Geochim. Cosmochim. Acta 34, 237 (1970).

UHLICH, H., JOST, W.: Kurzes Lehrbuch der physikalischen Chemie, 17. Aufl. Dr. Dietrich Steinkopf 1970.

VASLOW, F., BOYD, G.E.: Thermodynamics of coprecipitation: dilute solid solutions of AgBr in AgCl. J. Am. Chem. Soc. 74, 4691 (1952).

WAGER, L.R., MITCHELL, R.L.: The distribution of trace elements during strong fractionation of basic magma - a further study of the Skaergaard-intrusion, East Greenland. Geochim. Cosmochim. Acta 1, 129 (1951).

Sachverzeichnis

Aktivitätskoeffizient 7, 37
Apatit 59, 60
Aufgaben 9, 15, 20, 21, 24, 28, 31, 32, 36, 53
Ausbeute, maximale 51
Ausbeutefaktor 42, 47, 51

Barium 61
Binominalschema 45, 48, 49
Bleiglanz 88
Bromid 3, 4, 6, 39, 64, 88
Bromtest 65

Cadmium 88
Calcit 4, 67
Carnallit 29, 64, 65, 88
Chlorid 3
Chrom 61

Diagenese 67
Differentiationsfolge 59

Eutektikum 62, 69, 73

Fraktionierte Kristallisation 42 ff.
- -, Effektivität 50
- -, Trennungsgang 43

Gabbro 59
Gallium 61
Geologische Fraktionierungsprozesse 58 ff.
Granat 77, 80, 84

Hebelbeziehung 70
Henry'sches Gesetz 5

Ilmenit 59, 61

Kainit 64, 65
Kalifeldspat 4
Kalkstein 67
Kerargyrit 39
Kobalt 61
Kristallisationsgeschwindigkeit 40
Kristallisationsschritt 44, 46
Kristallisierschema 50 ff.

Lanthan 60

Magmatische Gesteinsbildung 58 ff., 84
Magnetit 59, 61
Magnetkies 82
Mangan 78, 84, 88
Meerwassersystem 64 ff.
Metamorphose 68 ff.
- , Aufschmelzen 69, 71
- , Mineralbildung 76, 84
Mischkristall 1, 2
Mischungslücke 2, 3

Nernst'scher Verteilungssatz 5 ff.
Nickel 4, 82

Olivin 4, 59, 61, 84

Plagioklas 59, 61
Potential, chemisches 7
Pyrit 83
Pyroxen 59, 61

Radium 37
Rekristallisation 28 ff., 67
Rubidium 4, 38, 64

Salzminerale, Abscheidungsfolge 63, 64
Schmelze, binär 1, 2, 62, 69, 73
- , nacheutektisch 71, 76
Sedimentäre Gesteinsbildung 63 ff.
Skaergaard-Komplex 59
Spurenelemente 3, 4
- , effektive Fraktionierung 23
- , mittlere Konzentration 22
- , Verteilung in Mineralen 20, 21, 79, 81, 82 ff.
- , Verteilungstypen 10 ff., 16 ff., 24 ff., 28 ff., 56, 60, 79, 81

Steinsalz 3, 4, 7, 64, 65, 88
Strontium 4, 61, 64, 68
Sylvin 38, 88
System Ag^+-Cl^--Br^--H_2O 39
- Au-Ag 1
- Ba^{2+}-Ra^{2+}-Cl^--H_2O 37
- K^+-Rb^+-Cl^--H_2O 38
- Na^+-Cl^--Br^--H_2O 3, 7, 37
- Na^+-K^+-Mg^{2+}-Cl^--H_2O 88
- Pb-Sn 2

Thermometer, geologisches 86 ff.
Trennverfahren, Gleichwertigkeit 47

Umkristallisation 28 ff., 67

Verteilungskonstante 5 ff.
- , Abhängigkeit 37 ff., 62, 65
- , Umrechnung 8, 33
- , Zahlenwerte 7, 9, 15, 22, 29, 36, 37, 38, 39, 53, 60, 61, 64, 84, 87, 88

Wurtzit 88

Yttrium 60

Zirkonium 61
Zonenschmelzen 54 ff.
- , variable Zonenlänge 79

A. G. Herrmann

Praktikum der Gesteinsanalyse

Chemisch-instrumentelle Methoden zur Bestimmung der Hauptkomponenten.
Mit Beiträgen von P.M. Schneiderhöhn, unter Mitarbeit von D. Knake

HOCHSCHULTEXT

20 Abbildungen. 24 Tabellen. Etwa 200 Seiten
1975. DM 29,80; US $12.90
ISBN 3-540-07351-5 Preisänderung vorbehalten

Inhaltsübersicht: Vorwort. – Allgemeiner Teil. – Analysenschema. – Übersichtstabellen für verschiedene Analysenmethoden. – Aufschlußmethoden. – Analytische Methoden für die Bestimmung der einzelnen Elemente. – Anhang

Dieses Praktikumsbuch eignet sich vorzüglich zur Einführung in die Bestimmung der chemischen Hauptkomponenten in Gesteinen. Es wendet sich an Studenten der Mineralogie, Geologie und Bodenkunde sowie an Chemotechniker und Laboranten.

In einem allgemeinen Teil werden die Themen Probenahme, Zerkleinerung der Probe, Beurteilung und Berechnung von Gesteinsanalysen sowie Referenzproben behandelt. Es folgen Tabellen für Analysenmethoden, eine Beschreibung der wichtigsten Aufschlußmethoden. Neben einer aus didaktischen Gründen getroffenen Auswahl an gravimetrischen Methoden werden vor allem chemisch -instrumentelle Verfahren beschrieben, soweit ihnen chemische Umsetzungen vorausgehen müssen (Spektralphotometrie, Flammenphotometrie, Atomabsorptions-Spektralphotometrie, elektrochemische Titrationen). Für ein chemisches Element werden in fast allen Fällen mehrere Analysenverfahren angegeben. Den Abschluß bildet ein allgemeiner Teil unter anderem mit Informationen über die Behandlung von Platin-Geräten, Verhütung von Unfällen und Sauberkeit am Arbeitsplatz.

Springer-Verlag
Berlin
Heidelberg
New York